谨以此书缅怀上海交通大学王建华教授!

穿越 Chuan Yue —— 中国隧道及地下工程修建关键技术研究书系

钢顶管设计与施工新技术

甄　亮　王剑锋　宣　锋　等 / 编著

NEW TECHNOLOGY OF

DESIGN AND CONSTRUCTION FOR

STEEL PIPE-JACKING

人民交通出版社股份有限公司

北京

内 容 提 要

本书基于作者大量的工程经验积累,依托相关研究成果,系统总结了钢顶管设计与施工新技术。全书共分为5章:第1章介绍了钢顶管发展现状以及面临的挑战与对策;第2章介绍了大直径钢顶管结构设计、曲线钢顶管设计与构造以及钢顶管质量控制措施;第3章介绍了诸多钢顶管施工新技术;第4章分享了5个钢顶管应用的典型实例;第5章对钢顶管技术的应用进行总结与展望。

本书理论与实践相结合,实用性较强,可供从事顶管设计、施工及相关专业工程技术人员参考借鉴。

图书在版编目(CIP)数据

钢顶管设计与施工新技术 / 甄亮等编著. — 北京 : 人民交通出版社股份有限公司, 2025. 3. — ISBN 978-7-114-20154-7

Ⅰ. TU94

中国国家版本馆 CIP 数据核字第 20251CY811 号

Gang Dingguan Sheji yu Shigong Xinjishu

书　　名:钢顶管设计与施工新技术
著 作 者:甄　亮　王剑锋　宣　锋　等
责任编辑:谢海龙
责任校对:孙国靖　刘　璇
责任印制:张　凯
出版发行:人民交通出版社股份有限公司
地　　址:(100011)北京市朝阳区安定门外外馆斜街3号
网　　址:http://www.ccpcl.com.cn
销售电话:(010)85285857
总 经 销:人民交通出版社股份有限公司发行部
经　　销:各地新华书店
印　　刷:北京建宏印刷有限公司
开　　本:720×960　1/16
印　　张:10.5
字　　数:176千
版　　次:2025年3月　第1版
印　　次:2025年3月　第1次印刷
书　　号:ISBN 978-7-114-20154-7
定　　价:88.00元

编 委 会

主编简介

甄亮,高级工程师,上海公路桥梁(集团)有限公司公用建设公司总工程师。2016 年毕业于上海交通大学,获岩土工程博士学位,主要从事地下工程理论与施工技术研究。入选 2019 年度“上海市青年科技启明星”计划、“2022 年上海工匠”、上海市科技专家库专家,主持参与各级科研课题 15 项,出版专著 1 部,发表学术论文 22 篇(SCI/EI 检索 9 篇),申请专利 31 项,上海市级工法 6 项,参与编写地方规范及行业规范,多次获得上海土木工程科技进步奖、华夏建设科学技术奖、上海市科技进步奖等奖项。

王剑锋,正高级工程师,一级注册建造师(市政、机电),英国皇家特许建造师 CIOB 会员,上海公路桥梁(集团)有限公司副总经理。毕业于中国地质大学(武汉),获地质工程博士学位。从事顶管工程施工 20 余年,主持了数十项重大顶管工程建设,其中 3 次获得国家优质工程奖,2 次获得詹天佑奖。针对项目关键问题开展技术创新,出版专著 2 部,发表学术论文 10 余篇,授权专利 7 项、上海市级工法 6 项,主编、参与编写行业规范,作为第一完成人先后获得华夏建设科学技术二等奖、上海市科技进步三等奖等奖项。

主编简介

宣锋，正高级工程师，一级注册结构工程师，上海市政工程设计研究总院(集团)有限公司第一设计院总工程师。2009 年毕业于上海交通大学和新加坡南洋理工大学，获岩土工程双硕士学位。在大型给水厂站、长距离引水工程、综合管廊、电力隧道等领域具有丰富的实践经验，主持多项大型管道设计项目，其中 2 项获得国家优秀勘察设计一等奖。负责和参与多项钢顶管、预应力钢筒混凝土顶管、钢筒混凝土顶管省市级科研课题，参与编写规范 4 项，发表论文 18 篇，授权专利 6 项，获得省部级科技进步奖 3 项。

序

非开挖技术已发展了二百余年，顶管作为非开挖领域的一项重要技术，在地下工程建设中发挥着巨大的作用。近二三十年来，随着我国基础设施建设的蓬勃发展，尤其是在市政工程中，顶管技术取得了突飞猛进的提升，已经成为一种更为经济、高效的选择。

目前，在国内一些大中型城市，给水主干管网主要采用钢顶管技术施工。钢管作为一种薄壁结构的柔性管道，在顶管施工过程中，既要承受复杂外力，又要抵抗地层扰动变形，随着管径和顶进距离的不断增大，还要做到精准纠偏控制，尺寸效应愈发显著。与此同时，既有的相关技术规范已经不能满足城市地下空间开发建设的要求，也滞后于钢顶管设计和施工技术发展的步伐，亟须更新和完善。

《钢顶管设计与施工新技术》一书，是由上海公路桥梁(集团)有限公司、上海市政工程设计研究总院(集团)有限公司、上海交通大学等单位通过十余年产学研合作，总结形成的钢顶管设计和施工技术的理论与实践成果。本书的研究团队集合了知名高校、设计和施工单位专业人才，共同完成了多项具有技术突破性的重大钢顶管工程，提出了适应复杂工况钢顶管的管土相互作用理论，引入了钢顶管设计新理念，开发了钢顶管施工新工艺、新技术，并选取了代表性钢顶管工程实例，为顶管技术的发展提供了可贵的经验和参考。

在本书付梓之际，我乐见其成，并将此书推荐给城市地下空间的建设者。

中国工程院院士 [signature]

2022 年 12 月

前言

顶管技术已经历了120余年的发展，国内早在1953年就首次尝试使用顶管法在京包铁路路基下敷设钢筋混凝土管道，为这项地下工程非开挖技术推广发展奠定了良好的基础。随着国家经济的飞速发展，城镇化水平持续提高，在地上空间资源开发越来越有限的前提下，顶管技术在城市地下空间建设中发挥着越来越重要的作用，广泛应用于城市大型给排水管网、综合管廊、人行车行隧道等工程。

钢顶管技术在城市给水管网的建设中应用最多，目前国内外给水钢顶管最大内径达到4m，最长一次顶进距离达到2686m。作为柔性管道的代表，钢顶管既有材料易得、加工灵活、密封承压等优势，也存在内力复杂、线形受限、变形失稳等问题。

本书依托上海公路桥梁（集团）有限公司、上海市政工程设计研究总院（集团）有限公司、上海交通大学等单位长期合作参与的众多代表性钢顶管工程，针对钢顶管技术发展和突破过程中面临的关键问题，介绍了团队通过产学研相结合进行联合科技攻关，十余年来在钢顶管设计和施工领域开创的一系列新成果。团队完成国家自然科学基金面上项目1项，授权发明专利10项，授权实用新型专利11项，获得软件著作权9项，获得上海市市级工法4项，发表论文21篇（其中SCI/EI收录7篇）。相关研究成果经专业机构评定综合技术达到国际先进水平，先后获得上海市科技进步奖、华夏建设科学技术奖等奖项。与此同时，基于上述成果的工程应用，不仅促进了项目的高质量实施，也推动了该领域的技术发展，多个项目获得国家优质工程奖和詹天佑奖。

本书分为5章：第1章介绍了钢顶管的发展概况，调研了钢顶管的研究和设计现状，分析了钢顶管施工面临的挑战；第2章从钢顶管结构受力及其稳定性研究、曲线钢顶管构造与顶进作用研究、钢顶管质量控制研究三个方面介绍了钢顶管的设计技术创新；第3章结合施工中的技术难题，介绍了注浆减阻技术、长距离顶进技术、管内新增中继间技术、高水压地层进出洞技术、曲线顶进控制技术、长距离自动测量技术、地下对接技术的研究和创新；第4章通过典型的钢顶管案例,介绍了钢顶管新技术的应用及效果;第5章对钢顶管技术的发展进行了总结和展望。

本书的出版得到了建设单位和行业同仁的大力支持,向所有为技术创新发展而默默奉献的工作者致敬。希望通过我们的共同努力,推动行业技术不断发展。由于作者水平有限,书中难免存在不足之处,恳请读者批评指正。

作　者

2022年11月

目录

第1章 绪论

1.1 钢顶管的发展概况

顶管法施工技术是在不开挖地表的情况下，利用液压缸从工作井将顶管机及待敷设管节在地下逐节顶进，直到顶管机到达接收井的一种非开挖地下管道施工工艺[1]，如图1-1所示。顶管法施工具有综合成本低、施工周期短、环境影响小、安全性好等特点[2]。随着新技术设备的不断开发与使用，顶管技术已逐渐成为一种广泛应用的地下管道施工工艺。由于顶管结构整体性好、施工养护方便、整体费用低等优势，直径5m以下的管道敷设有逐渐取代盾构法施工的趋势。

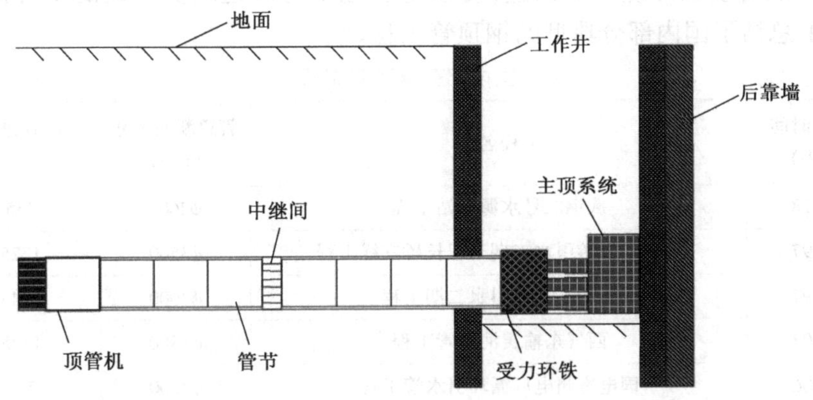

图1-1 顶管施工示意图

国内采用顶管技术施工的管道管材主要是钢管、钢筋混凝土管、玻璃纤维夹砂管以及其他新型复合材料管，由于受加工运输和经济效益的影响，钢筋混凝土管和钢管的使用更为普遍。相对技术较为成熟的钢筋混凝土顶管，大直径长距离钢顶管施工难度更大。但是钢材加工方便、密封性好、性价比高、强度可靠,且相较其他管材可以承受一定内压,并可承受一定程度的变形以适应曲线顶进,因此钢顶管尤其受到市政供水工程和能源工程的青睐。

1956 年,国内首次钢顶管施工用于敷设穿越黄浦江堤下的管道。2008 年,汕头第二过海水管工程成功将直径为 2m 的钢顶管一次顶进 2080m。2009 年建成的上海海泰国际大厦地下车行通道采用直径 4.2m 的钢顶管,顶进距离 53m,这是目前国内直径最大的钢顶管工程[3]。2015 年贯通的黄浦江上游水源地连通管工程第一次将直径 4m 的钢顶管一次顶进了近 1km,为大直径钢顶管长距离顶进积累了成功的经验。2017 年北海市铁山港区污水处理厂尾水排海管工程(海域段)顺利完工,将直径 2m 的钢顶管一次顶进 2180m,是当时海底顶管施工一次顶进长度最长的全国纪录。2019 年珠海市西水东调二期工程磨刀门水道顶管工程,钢管直径 2.4m、顶进距离 2329m。2020 年苏州城区第二水源阳澄湖引水工程 3 标段输水管线为双线钢管,钢管直径 2m,标准管节长度 12m,一次顶进长度达 2686m,为目前国内类似管径顶管一次顶进最长距离。2021 年上海轨道交通 14 号线静安寺站矩形钢顶管管节长度为 82m,矩形截面尺寸为 9.9m×8.7m,埋深约15.2m,为全国首创非开挖顶管法施工的车站。国内钢顶管工程已经实现了大直径、长距离曲线顶进,并可以穿越从淤泥、含孤石土到基岩等各种复杂地层,实现了陆上、江河穿越、海底穿越等复杂环境下的顶进,使顶管法施工可以适应更广泛的工程需要。表 1-1 总结了国内部分典型的钢顶管工程。

国内部分钢顶管工程　　表 1-1

竣工时间(年)	工程名称	管道断面尺寸(mm)	一次顶进距离(m)
1978	武钢二号水源泵站工程	ϕ2600	335
1997	黄浦江上游引水二期工程长桥支线工程	ϕ3500	1725
1997	黄浦江上游引水二期工程	ϕ3000	1743
2003	西气东输黄河顶管工程	ϕ1800	1175
2006	国电常州电厂循环引水管工程	ϕ3500	799
2008	宁波供水环网工程	ϕ2000	745
2008	汕头市第二过海水管工程	ϕ2000	2080
2008	珠海市平岗泵站咸期供水配套工程	ϕ2400	1018
2009	海泰国际大厦地下车行通道	ϕ4200	53
2009	青草沙水源地原水工程严桥支线工程	ϕ3600	1960

续上表

竣工时间（年）	工程名称	管道断面尺寸（mm）	一次顶进距离（m）
2015	黄浦江上游水源地连通管工程 C4 标首段	ϕ4000	近 1000
2017	北海市铁山港区污水处理厂尾水排海管工程	ϕ2000	2180
2019	珠海市西水东调二期工程磨刀门水道顶管工程	ϕ2400	2329
2020	苏州城区第二水源阳澄湖引水工程 3 标	ϕ2000	2686
2021	上海轨道交通 14 号线静安寺站	9900 × 8700	82

施工阶段的钢顶管受力情况较为复杂，主要受到千斤顶的顶力、端部的阻力、管土的摩擦力和周围环境施加的水土压力等。随着钢顶管直径以及顶进距离的不断增大，管周与土的接触面积增加，即增加了管土的摩擦力，继而需要提高施工顶力。直径的增大，意味着钢顶管的自重增大，使得钢顶管横截面的受力条件复杂化，增加了结构的环向稳定性风险。在较大顶力和环向受力等诸多不利因素的共同作用下，钢顶管的局部和整体的失稳风险进一步提高。钢顶管身处地下，除本身受力情况复杂外，其稳定性问题还受到周围土层环境的影响。土层可看作一种弹性介质，在顶管受力变形时，可能随之发生变形，这种变形会对顶管的变形稳定产生一定影响，形成管土相互作用效应。由于钢材是一种弹塑性材料，钢顶管本身可承受一定的变形，使之在曲线顶进过程中较钢筋混凝土顶管优势更为明显。但随着钢顶管直径和一次顶进距离的增大，其整体刚度将会下降，曲线顶进造成的轴向偏心顶力会加剧钢顶管的结构稳定性风险。

在日益增多的钢顶管工程中，施工阶段钢顶管局部和整体失稳事故不断出现，不仅严重威胁工程施工安全，还会造成人员伤亡和财产损失。针对施工过程中大直径、长距离曲线钢顶管面临的一系列问题，目前还没有规范给出合理的设计和施工指导，对施工阶段钢顶管的受力机理以及相关控制措施研究尚存在不足，而在实际工程中还主要是依靠工程经验。因此，复杂地层环境中大直径钢顶管的设计和施工仍面临着巨大挑战。

1.2 钢顶管的研究和设计现状

1.2.1 顶管管土摩擦特性与注浆减阻研究

顶管的顶进施工主要依靠后背工作井提供的顶力来克服各种阻力，其中包括顶管机迎面阻力和管壁摩阻力。随着顶管顶进距离和管道直径的增大，管壁所受的摩阻力也越来越大，摩阻力所占总顶力的百分比也越来越高。过大的顶推力不仅需要加强管道的强度设计，也需要增加工作井的允许顶力，否则可能导致严重的工程事故。为降低施工过程中一次顶推力，目前通常采用设置中继间和注浆减阻两种技术措施。中继间作为一种分段克服阻力的措施，仅能分散顶力，降低管道施工应力和工作井的后坐力，并没有降低管道沿线摩阻力，且中继间设置过多，将大大增加费用，顶进效率也明显降低。注浆减阻即通过向土层和管道之间的间隙注入润滑浆液，使得顶进管道与土体的摩擦转变为管道与浆液之间的摩擦，达到减小摩阻力的效果。

针对注浆减阻的研究较多，Khazaei 等[4]通过现场实测及 FLAC 3D 数值建模对顶管注浆减阻的效果进行研究。Shimada 等[5-6]通过现场监测及二维数值分析的手段对注浆对顶管施工的填补作用及减阻作用进行研究。关于注浆理论的研究，目前主要集中在注浆浆液的渗透距离计算方面。

安关峰等[7]对各计算顶力的公式进行了对比分析并归类，发现随顶进距离的增加，理论公式与实际差别会越来越大；经验公式的计算精确度主要取决于其修正系数的大小。汤华深等[8]以及冯凌溪等[9]从压力拱理论出发，求出管节外壁土压力的分布，对侧摩阻力计算公式进行了一些修正。魏纲等[10]研究了注浆材料及其性能，分析了注浆过程中浆液与管道以及周围土体之间的相互作用机理，探讨了浆液在土体中的渗流以及注浆对土层移动的影响。

在顶力试验方面，黄吉龙[11]通过对玻璃钢夹砂顶管进行摩阻力特性整管试验与直剪试验，得到玻璃钢夹砂顶管外壁、混凝土与上海地区典型土层间的摩擦系数，研究玻璃钢夹砂顶管外壁摩阻力的发展特性，并定性研究注浆减阻对外壁摩阻特性的影响。冯锐等[12]通过优化注浆孔的布置，研究配制适合该地层及施工状况的触变泥浆，使顶力得到了有效控制，且减阻效果明显，可作为类似工程减阻技术的参考。刘猛等[13]通过试验掌握了在不同配合比下的泥浆力学性能变化，使用 ANSYS-LS-DYNA 软件对钢顶管施工过程进行数值模拟，得到钢顶管在顶进中顶力的变化。徐玉夏[14]通过分析软土层曲线钢顶管施工难点，研究了超长距离曲线钢顶管轴线控制工艺及设备，并结合顶管失稳理论分析，为曲线钢顶管施工工程建设提供了一定的技术借鉴。薛宏伟[15]依托厦门前埔污水处理厂排海管工程，采用 PLAXIS 3D 岩土有限元软件，根据现场实测顶推力，分析钢管管道的管土摩擦力和内力情况，得出了适合厦门地区的顶力计算线性公式，为同类工程提供了理论参考。

综合上述有关研究，目前关于注浆减阻的研究，主要集中在通过现场实测数据对顶力进行计算,但实测结果差别非常大,无法直接应用于顶管顶力计算;关于注浆的机理性研究对实际注浆减阻指导意义不大。

1.2.2 钢顶管与土的相互作用研究

钢顶管属于柔性管,会随着受力的改变而发生弹塑性变形,随着土体开挖和管道的顶进,管道和周围地层土会相互影响。顶管周围的土体由于受到开挖扰动和超挖影响会产生沉降变形,也会因顶力过大而发生隆起,导致管周水土压力会随着施工过程和周围地层环境的变化而发生改变,加之顶力以及其他不确定性荷载,钢顶管容易产生一定程度的变形甚至失稳。与此同时,周围地层土会随着顶管的变形产生相互作用,可能随着顶管变形的方向一同变形,也可能对管向外的变形起到一定的约束作用,或者由于土拱效应在管向内变形时管土间相互作用力减小甚至消失。

在实际工程中,由于地层环境差异较大,很难直接进行理论研究。根据同一地层土近似各向同性,且土层还具有一定的弹塑性和可压缩的特性,在管土相互作用的理论研究和现场实测研究方面,多以弹簧理论或者弹性地基理论为基础,将地层土体假设为弹簧或者一种弹性介质。

温克尔提出了一种合理简化地基模型,将土介质看作一个理想化的、相同的,但相互独立、间距很小、离散的线性弹簧系统。因此,地基的变形局限于受力区域。地基问题转化为确定弹簧刚度(地基反力系数)来代替土,而地基反力系数不仅与地基的性质有关,还与受力区域的形状有关,通常采用平板载荷试验、固结试验、三轴试验和加州承载比试验(CBR)确定,此外,太沙基也给出了在缺乏合适试验数据时的经验取值方法。但是温克尔弹性地基模型无法考虑荷载作用深度的增加其影响范围也会逐渐增加,且相互独立的弹簧使得外荷载仅能影响地基的一点,完全忽略了地基土的相互作用。

Boussinesq 提出了将地基土看作一个半无限空间的弹性连续介质,这样可以用连续方程来表征土的力学性质。这种方法提供了比温克尔弹性地基模型更多的土的应力变形参数,且仅需提供弹性模量和泊松比。这种模型最大缺点就是不能精确计算地基外围的反力,而且荷载区外的实际地表变形比用该方法计算的减少更快,是忽略了土的离散性所致。

为了研究管土相互作用对埋管截面稳定性的影响,可以将受边界影响的长管简化为二维问题。Forrestal 和 Herrmann[16] 建立了不考虑边界影响的长管置于弹性介质的 2D 模型,转化为一个线弹性理论的相关联边值问题,推导出了弹性介质中圆柱壳稳定的临界压力解析解。Moore[17] 研究了不考虑边界影响置于弹性介质的长管后屈曲响应的 2D 模型,考虑均布和非均布围压作用,提出简化理论确定有弹性支撑的埋管的屈曲变形和弯矩,并指出后屈曲特性受地基刚度、非均质环向压力、接触面的粗糙程度和初始几何缺陷的影响。Muc[18]通过推导基于几何线性和非线性壳理论的单侧摩擦边界问题,建立了二维模型,研究了弹性介质和刚性边界中受局部外压的圆柱壳屈曲问题。Moore 和 Haggag[19]研究了非均质土体介质中受围压作用的弹性埋管,结合二维模型给出了闭合形式的线性屈曲解,用于估算环形结构在方形区域、环形区域和矩形区域的弹性稳定性。Kang 等[20]研究了土拱效应和波纹钢埋管的强度,建立了管-弹簧二维模型模拟埋管的屈曲,由数值结果归纳包含土拱效应、变形和最大管壁应力的公式,采用土和结构模型的静力分析结构确定弹簧的系数,最终获得的钢埋管临界强度与美国钢铁学会标准(AISI)中的屈曲方程结果较为吻合。

考虑管土相互作用的二维模型解决的管线稳定性问题较为有限,研究中多使用连续介质模型不能用于大变形分析,所模拟的地层土刚度相对较大,且仅能分析内外压荷载效应。温克尔弹性地基模型和 Pasternak 弹性地基模型可以分析大变形问题,更关注地基对结构变形的影响,而弱化地基土本身的内力变形分布。在管线稳定性分析的三维问题中,主要考虑管线的整体变形稳定性和边界效应,因此管土相互作用的机理更多地采用温克尔弹性地基模型和 Pasternak 弹性地基模型进行分析。

Gantes 和 Gerogianni[21]研究发现周围土的支撑使得埋管向外的变形得到约束,采用非均质梁,通过将土弹簧以应变能的形式加入能量法分析,获得埋管的非线性弯矩和曲率关系。Villarraga 等[22]将埋管模拟为非线性温克尔弹性地基中的梁,基于大变形梁理论,考虑具有初始缺陷的埋管在热膨胀和内压作用下的应力分布。结果表明初始缺陷会严重影响埋管的应力分布,导致应力超过设计规范允许值,从而引发埋管的屈曲失稳。Nobahar 等[23]基于概率的方法评估了海底埋管在不同埋沟宽度、埋沟深度和自身埋深下的应力应变和稳定性响应,分别采用非线性温克尔弹簧和梁单元模拟管土相互作用。Joshi 等[24]通过将埋管简化为梁,地层土简化为非线性温克尔弹簧,考虑管材和土的材料非线性,以及大变形导致的几何非线性,分析了逆断层对埋管的影响机理。Zhao 等[25]通过有限元软件将埋管模拟为三维壳单元,管土相互作用采用等效温克尔弹簧模拟,研究了埋管在不同逆断层条件下的失效模式。Lagrange 和 Averbuch[26]通过理论和数值分析,研究了具有正弦初始缺陷埋置于非线性温克尔弹性地基中的埋管屈曲。

在考虑复杂地基效应的研究中,相较仅用一个参数表征地基特性的温克尔弹性地基模型,还能考虑地基内剪切效应的 Pasternak 弹性地基模型更为精确。

Feng 和 Cook[27]采用不同有限元单元推导了温克尔弹性地基和 Pasternak 弹性地基模型等几种典型的两参数弹性地基模型上梁的受力特性,分析了不同地基参数的影响。Paliwal 和 Bhalla[28]利用变分远离和 Galerkin 法分别分析了可动简支边界条件和固定简支边界条件下 Pasternak 弹性地基上的圆柱壳的大变形,研究了几何参数、材料参数和地基参数对圆柱壳荷载变形特征的影响。Bagherizadeh 等[29]研究了 Pasternak 弹性地基中的功能梯度材料圆柱壳的轴压和围压屈曲,推导出了基于高阶剪切变形壳理论和横向剪切应变的屈曲闭合解,分析了壳的几何参数、体积分数以及地基参数对屈曲临界荷载的影响。Shen[30]研究了 Pasternak 弹性地基中有限长度功能梯度圆柱壳的剪切变形响应,采用奇异摄动法得到了受热效应影响的功能梯度圆柱壳的温度作用后屈曲强度。

目前,国内外学者对管土相互作用的研究大都以受围压为主的复合荷载作用的埋管作为关注重点。2D 管土模型主要用于研究局部变形失稳,3D 模型主要用于整体变形失稳。施工阶段钢顶管受轴压为主的复合荷载作用,局部和整体的变形失稳可能同时发生,因此需要考虑管土相互作用的 3D 钢顶管模型。但现有文献对施工阶段受轴压为主的复合荷载作用的钢顶管在管土相互作用影响下的稳定性机理缺乏研究。

1.2.3 圆柱壳结构稳定性研究

钢顶管属于薄壁圆柱壳结构,钢材又是典型的弹塑性材料,这种弹塑性圆柱壳结构的强度不仅与材料本身的强度密切相关,还与结构的稳定性有关,设计中必须考虑其结构的稳定性。施工阶段的钢顶管受力较为复杂,其稳定性与主顶系统的顶力、端部的阻力、管土的摩擦力和周围环境施加的水土压力等因素有关,因此不同受荷条件下圆柱壳的稳定性研究是钢顶管稳定性研究的基础。其中施工阶段钢顶管所受的最大荷载来自主顶系统的轴向顶力,圆柱壳轴压稳定性机理也最为复杂。

圆柱壳的轴压稳定性问题一直以来都是一个经典的力学问题。尽管欧拉在 18 世纪中期就对压杆的屈曲问题进行了研究,然而直到 20 世纪初,圆柱壳的稳定性问题才得以系统的研究。早期学者对圆柱壳轴压稳定性问题进行了大量试验和理论分析。由于最初的理论研究基于很多简化假设,圆柱壳的轴压屈曲数学模型被看作线性特征边值问题,即经典分叉方法。Brush 和 Almroth 广泛搜集了不同径厚比的圆柱壳轴压试验结果与之前的经典理论解进行比较,发现试验结果近似分散在经典理论解 10% ~80% 区域。试验与理论结果的巨大差异被分析认为是初始几何缺陷、试验边界条件和荷载偏心引起的。

随着计算机技术的发展,各种数值分析方法也取得了长足的进步,包括有限差分法(Finite Difference Method,FDM)、有限元法(Finite Element Method,FEM)、边界元法(Boundary Element Method,BEM)等。其中FEM是应用最为广泛的数值分析方法,具有普遍的适用性。但随着问题的复杂化,有限元法需要提高网格的精度,即增加网格的密度和数量,才能得到理想的结果,这导致对计算条件的要求较高,且计算效率降低。

有限条法(Finite Strip Method,FSM)最早由 Cheung[31] 提出,是对有限元法的一种简化。经典有限条法假定分离变量法可用于表示未知的插值函数或者相关变换,一般形式的位移函数用多项式和级数的乘积表示,所有级数优先满足有限条单元端部的边界条件。可看作横截面相同轴向曲率为零的结构,用合适的插值函数代替轴向划分网格,不仅使分析模型的维度降低,简化了建模,同时也降低了计算规模,减少了计算时间,被证明是一种简单高效的分析方法。圆柱壳结构的稳定性问题正好符合这一特性。

Cheung 和 Zhu[32] 采用样条有限条法分析了有限长度受均匀外压的圆柱壳结构的后屈曲特性,推导了在正交曲线坐标系下位移相关压力荷载的总 Lagrangian 方程,改进了弧长迭代法,解析结果的后屈曲平衡路径和等效径向变形与试验结果一致。

Chen 等[33] 采用有限条法结合有限元法分析了有孔洞的环向加肋圆柱壳的屈曲,将环向肋等效为正交壳,采用有限条法分析无孔洞的圆柱壳区域,采用有限元法分析有空洞的圆柱壳区域,中间采用过渡单元,得到了开孔大小与屈曲荷载的关系。

陈文等[34] 采用有限条法分析了静水压力作用下环向加肋圆柱壳的屈曲,将环向肋的影响按等效作用平均到整个圆柱壳,环向加肋圆柱壳作为一个正交各向异性壳分析,基于线弹性稳定理论推导了考虑环向加肋的圆柱壳在两端简支条件下的围压屈曲临界荷载。

Zhu 和 Cheung[35] 分析了有限长度圆柱壳在外压和轴压共同作用下的后屈曲特性,对基于样条有限条法的基本方程进行扩展,不仅在屈曲形态上还是变形幅度上,后屈曲平衡路径比之前的解析结果更接近试验结果。

Ovesy 和 Fazilati[36] 基于能量法的半解析有限条法研究了复合层状圆柱壳的线性特征值屈曲和非线性后屈曲平衡路径。线性特征值屈曲分析应变位移关系采用 Koiter-Sanders 壳理论,非线性后屈曲分析应变位移关系采用 Donnell 壳理论。与现有文献比较,有限条法得到的临界荷载结果精度较高,对这类问题的分析更为高效和适用。

由此可见,有限条法适用于不同工况下圆柱壳结构的稳定性分析,只是目前的研究结果还不能完全应用于施工阶段钢顶管的稳定性研究中。因为施工阶段钢顶管的稳定性除与通常考虑的圆柱壳几何参数、初始缺陷以及复杂受力条件有关外,周围地层对钢顶管的作用效果也是影响钢顶管稳定性的重要因素,这也是钢顶管与一般圆柱壳结构稳定性研究的重要差异。

1.2.4 钢顶管的稳定性研究

钢管等弹塑性材料地下管线,在内外部荷载作用下会出现稳定性问题,这类材质的地下管线最早都采用开槽埋管然后回填的敷设方式,其稳定性问题集中在受内部压力或者外部水土压力造成的管线变形或者屈曲失稳、受热力作用引发的管线变形或者屈曲失稳、受浮力或者地质灾害引发的管线变形或者屈曲失稳等。这些因素既可能发生在施工阶段,也可能发生在使用阶段。针对上述问题,国内外学者对钢埋管的受力和稳定性进行了大量系统的研究,钢顶管的稳定性问题一直参照埋管的稳定性问题进行考虑。

其中一部分学者关注的是周围土的条件与屈曲抗力关系。Bransby 等[37]通过离心机试验研究埋管隆起,提出了一种简单计算在平均固结填土条件下埋管隆起抗力的方法。Palmer 等[38]通过离心机试验和理论研究,分析了影响埋管隆起的因素。El-Gharbawy[39]提出了一种新的考虑埋管受力变形机理和土参数的埋管隆起模型,可以更好地解释试验结果。Ghahremani 等[40]和 Jiang 等[41]分别通过离心机试验和离散元法,分析了回填土的粒径对埋管隆起抗力的影响。Byrne 等[42]通过模型试验和理论分析,研究了管周土超孔压的变化与土抗力的关系。

采用试验结合数值模拟,进一步分析埋管的受力变形机理,Murray[43]研究了考虑为圆柱壳结构的埋管受弯的局部屈曲和后屈曲,Gresnigt 和 Steenbergen[44]研究了组合荷载作用下埋管的屈曲,Schaumann 等[45]研究了承受内压和四点弯曲的钢埋管线作为圆柱壳结构的弹塑性屈曲,Mohareb 等[46]研究了寒冷地区的钢埋管受温度影响发生大位移和大转动的局部屈曲特性。Ahmed 等[47]建立有限元模型对实际工程和试验现象进行分析,考虑材料非线性、大位移、大转动、初始缺陷和复杂接触面条件,研究了寒冷地区的钢埋管的局部屈曲和后屈曲行为。

理论研究将一般现象进行归纳解释,Schneider[48]从试验和理论两个方面研究了埋置于地下的全焊接压力套管在内压、轴压和四点弯曲作用下的力学特性,建立了一个可以快速计算管的非弹性变形强度的分析方法。Andreuzzi

和 Perrone[49]研究了由于管壁的温度梯度分布产生轴向力,导致埋管发生局部屈曲。Tsuru 等[50]发现对受高内压和大径厚比的埋管,其周向的应变硬化行为会大大影响管的屈曲抗力。Bransby 和 Ireland[51]研究粉砂土中埋管的隆起机理。Liu 等[52-53]通过现场实测、理论分析和有限元模拟,得到影响埋管隆起和土抗力的主要因素为管的初始缺陷和埋设方法,与管的埋深、土的强度和管土间的摩擦力有关。

随着顶管直径和顶进距离的增大,加之顶进设备和管道加工工艺水平没有相应提高,在巨大轴力作用下,钢管的稳定性差这一问题日益突出。钢筋混凝土顶管作为刚性管,自身不会出现稳定性问题,且管土相互作用不涉及管的变形,这是钢筋混凝土顶管与钢顶管研究的本质区别,因此要对钢顶管的相关机理进行专门研究。

卢红前[54]结合实际工程,分析了软土地段的大直径钢顶管控制应力、变形及稳定变化趋势,通过可靠指标给出了钢顶管壁厚的设计适用范围。赵志峰和邵光辉[55]通过分析施工过程中钢顶管的内力和变形,结合规范计算不同壁厚下钢顶管稳定的临界围压,对钢顶管壁厚进行优化。上述研究均没有考虑管土相互作用的影响。

李兆超[56]研究了外压作用下钢顶管的屈曲问题,从二维和三维模型的角度分别将钢顶管屈曲问题简化为嵌入刚形体的圆环和圆柱壳的屈曲问题,其对管土相互作用的考虑较为简单,且研究对象仍可视为埋管。后对轴压作用下钢顶管的后屈曲及加肋进行了研究,选择的钢顶管径厚比参数近似达到实际工程取值的 2 倍,加肋形式考虑也较为简单,不能直接为工程所用。

杨仙等[57]基于实际钢顶管工程,考虑土拱效应和土的黏聚力,改进普氏理论和太沙基理论的垂直土压力计算理论公式,建立用于顶管顶力计算的竖向土压力计算模型,但并未考虑钢顶管保持不失稳状态所能承受的极限顶力。

钢顶管在施工阶段受力复杂,轴向顶力是其主要受力之一,这是顶管与埋管分析的显著差异。在过大的周围地层水土压力与轴向顶力共同作用下,钢顶管更容易发生局部和整体的失稳。实际工程中,随着钢顶管技术的不断发展,钢顶管的管径和一次顶进距离不断增大,施工阶段钢顶管的局部和整体失稳问题已经严重威胁到工程安全。虽然在使用阶段钢顶管与埋管所受的荷载和变形失稳形式具有相似性,但在施工阶段,由于施工方式和受荷方式的不同,钢顶管与埋管具有较大区别。施工阶段的钢顶管受力条件更为复杂,其稳定性问题集中在以轴压为主的复合荷载作用下钢顶管出现局部和整体的变形失稳,目前对施工阶段钢顶管稳定性的研究较少。

陈楠等[58]研究了考虑有初始缺陷在施工阶段受力条件下长钢顶管的稳定性,将管土相互作用效应简化为钢顶管的所受水土压力。Zhen 等[59-60]结合实际钢顶管工程,分析了钢顶管在施工工程中发生局部和整体屈曲变形的原因并提出了修复措施,考虑了周围土对钢顶管的约束产生的屈曲抗力。Zhen 等[61]采用数值模拟和参数分析,将施工阶段钢顶管简化为主要受轴力作用的弹性地基中的圆柱壳结构,分析了不同温克尔弹性地基参数和钢顶管几何参数对钢顶管弹性屈曲的影响。上述文献,对施工阶段钢顶管管土相互作用的考虑还相对简单,专门针对目前普遍使用的钢顶管在施工阶段的局部和整体失稳问题,相关研究比较有限。

复杂土层环境中的大直径钢顶管施工稳定问题也是一个考虑管土相互作用的圆柱壳轴压稳定性问题。Shen[62]分析了 Pasternak 弹性地基中受轴压作用各向异性层合圆柱壳的屈曲和后屈曲,控制方程高阶剪切变形壳理论,考虑拉扭、拉弯和弯扭耦合的几何非线性以及材料的热效应,研究表明热环境中圆柱壳的轴压后屈曲响应受地基约束作用较大。尽管该文献的管道几何尺寸、材料和地基参数与实际顶管工程相差较大,但其采用的管土相互作用模型可以为钢顶管的稳定性研究提供参考。

1.2.5 曲线钢顶管受力特性研究

顶管施工采用逐节顶进,各管节之间的连接直接影响工程的安全与质量。根据管节材料的不同,接头形式也不尽相同。接头基本上可分为刚性接头与柔性接头。钢顶管因密封性和施工方便性而采用焊接式连接,其接头为刚性连接方式;混凝土顶管或玻璃钢夹砂顶管等管材的接头一般采用柔性接头。

有学者对曲线顶管受力进行研究,提出了一些新的概念:①顶进管道是浮在泥浆中向前移动的;②管壁摩阻力是可以逆转的,管道弯曲阻力是不可逆转的;③管道弯曲是管壁阻力增加的主要原因,科学纠偏是减少管道弯曲的有效措施。

谈维汉[63]根据工程实践经验,结合理论分析,总结钢筋混凝土管材破损的常见原因主要有两大类:插口或承口整圈(或大部分)被压碎、插口或承口局部被压坏,并提出相关的处理和预防方法。

Zhou[64]运用有限元模拟结合室内试验,得到管线的连接偏差是造成钢筋混凝土顶管内局部压应力和接头拉应力的主要因素。基于数值合试验结果,对顶管的接头处进行加固和局部预应力处理可以提高顶管的整体强度。

Milligan 和 Norris[65]研究认为地质条件、施工方法和现场控制都会影响顶管的顶力,尤其在管线出现偏差时,顶力将会增大。由此提出了基于现场稳定钻进实测的顶力分析新方法,着重考虑管线偏差的影响。从管土界面总应力的角度解释了摩擦特性,并发现高可塑性黏土中的时间效应。

Nunes[66]对层状地基中的管土相互作用问题进行了分析,发现开挖会对两倍等效直径范围上方的砂层产生影响。通过数值分析发现,在顶管一倍等效直径上方,有砂层的顶力仅为没有该层的53%,有砂层的土体的位移仅为没有该层的17%。

Shou等[67]提出了一种简单的试验方法用于测得顶管注浆的摩擦特性,通过顶力分析得到顶力的减少与摩擦系数的降低密切相关,且注浆的作用对曲线顶进更为重要。Sugimoto和Asanprakit[68]研究了不同超挖效应对钢筋混凝土顶管顶力的影响机理,通过有限元分析建立了管土弹簧模型,发现顶力受到管周的摩擦力和管节处力矩分布的影响。Rahjoo[69]分析了不同计算顶管顶力的方法,通过与众多实际工程数据的比较,根据不同方法的可靠度建立一个准确估算顶管顶力的方法。

我国的顶管法施工技术虽然起步较晚,但发展较快,近二十年来,顶管技术在我国得到了较大的提升。

方从启和孙钧[70]研究了在上海等软土地层中的顶管施工引起的周围地层的变形,将三维变形问题沿顶管轴向进行离散,径向和环向用位移函数表示,结合实际工程,利用半解析单元法计算软土地层中顶管施工引起的土体位移。该方法所用单元数较少,极大地节省了分析时间,结果与实测值较为吻合。房营光等根据现场监测和试验结果,分析了大直径顶管顶进施工对周围土体扰动变形的机理和特性,根据工程实例提出将土体扰动划分为4个区域,每个区域的扰动机理和变形特性各不相同,对灵敏度高、易液化、剪胀或剪缩变形的粉土和砂性土考虑正负地层损失修正Peck地表沉降公式,结果与实测相吻合。冯海宁等先后通过顶管工程现场试验,分析了顶管施工对周围土体的扰动大小和范围的规律,通过数值模拟分析了不同因素对顶管施工产生的地表变形的影响。罗筱波和周健采用多元线性回归分析研究了顶管施工顶进引起的地面沉降和各影响因素间的关系,以此预测沉降。施成华和黄林冲[71]应用随机介质理论,推导了相应扰动区土体不同变形的计算公式,与实测结果相吻合。丁文其等对超大直径顶管施工进行了现场监测,分析了水-土压力变化曲线,得到超大直径顶管顶进5个阶段的扰动特性,对泥浆套在顶管中的形成过程及扰动作用机制进行了研究。李方楠等[72]用Mindlin位移解分析开挖面土压、顶进与换管过程中的侧面摩擦力变化引起的土体位移,用Sagaseta的土体损失引起的土体位移模式分析姿态控制、土体损失等引起的变形,将圆孔扩张的Verruijt解拓展到三维,提出了考虑注浆压力的顶管施工地层移动计算方法。喻军和龚晓南采用数值模拟方法，通过调整顶管的摩阻力、顶管机迎面压力、土体抗力，模拟得到地表沉降的大小，并进行施工参数优化。

安关峰等[73]针对顶管工程不同顶力计算公式结果相差较大，系统分析比较了各种顶力计算方法，指出理论公式计算结果随着顶进距离的增大误差会越来越大，经验公式计算结果的误差主要根据计算者所用的修正参数决定，考虑土拱效应即考虑了土的黏聚力作用，计算得到的顶力要大于不考虑土拱效应的结果。薛振兴对不同土压力计算方法进行对比分析，分别建立刚性管道和柔性管道土压力模型，推导出适用于特定条件的顶力计算公式。王双等[74]提出了判断 3 种常见泥浆套形态的方法，利用半无限弹性体中柱形圆孔扩张理论探讨了注浆压力对泥浆套厚度的影响，结合非线性流体力学计算泥浆与管壁接触产生的摩阻力，最终采用挖掘面稳定假设，针对 3 种泥浆套形态提出了摩阻力计算公式。叶艺超等[75]基于弹性力学半无限空间柱形圆孔扩展理论和黏性流体力学平板模型理论，推导了顶管顶进过程中考虑泥浆触变性的顶力计算方法。

黄宏伟和胡昕讨论了顶管施工中引起的力学效应，对顶管机的正面推力、地层损失、注浆及共同作用采用三维数值分析进行模拟，提出了相应施工控制措施。余振翼和魏纲[76]采用三维有限元方法分析了不同因素对顶管施工引起相邻平行地下管线位移的影响。魏纲等[77]对顶进过程中管道纵向与环向钢筋应力及管土接触压力进行了现场测试，得到顶管轴力和接触压力在顶进到一定距离后基本维持在一定范围内，注浆将明显减小管顶接触压力，对两侧接触压力影响较小，顶管在顶进阶段主要承受轴力作用。之后魏纲研究了钢筋混凝土顶管在施工中的管土相互作用，认为在长距离直线顶管施工中，因管道受力偏心，致使管端的最大土体反力超过土体承载力，造成土体破坏和管道失稳。提出了考虑位移的土压力计算方法得到管道最大土体反力计算公式，并给出了相应防止管道失稳的控制措施。魏纲和朱奎[78]基于温克尔地基模型分析了顶管开挖引起的极限弯矩、理论弯矩及管线变形，讨论了不同因素对顶管各部位受力的影响。雷晗等研究了内径 4m 的大直径钢筋混凝土顶管受力特性，分析了施工中管土接触压力的变化和覆土厚度对顶管土压力的影响。张治国等提出了层状地基中顶管施工正面附加推力、掘进机与土体之间摩擦力以及共同作用力引起的附加荷载计算方法，分析了顶管推进引起的土体竖向附加荷载分布规律，并研究了不同参数对顶管施工诱发附加荷载的影响效应。

此外，卫珍[79]结合规范和数值分析方法，分析了中继间在超长距离顶管工程中布置方式、开启组合和应用效果。

朱合华等[80]从经典弹性力学基本原理出发,利用壳体理论和温克尔假设建立曲线顶管与土体相互作用的三维力学模型,模拟曲线顶管在软土地层中的施工力学性态,给出曲线顶管纵向和法向位移的理论解,并进而给出结构的内力和地层抗力。朱合华等[81]结合实际工程,对大直径急曲线钢筋混凝土顶管管节接缝的张开量进行监测,并利用梁-接头不连续模型对其进行模拟分析,证明其模型能比较真实地模拟顶管施工中管节接缝张开情况。朱启银等[82]则通过对承插式混凝土顶管模拟得出:顶力对钢套环受力影响较大,而钢套环厚度对受力影响较小;陈建中[83]则对玻璃钢(GRP)顶管接头进行模拟得出:由于管线偏转,GRP 管道往往会在远小于实际所能承受的顶力的情况下发生破坏。丁传松[84]依据断面核理论,分析管节中部、管节接缝处的应力状态,得出顶推力的偏心度、管节断面受压区宽度和管节应力之间的变化关系。

葛金科和张悦[85]对大直径三维复合急曲线钢筋混凝土顶管姿态控制、注浆减阻和地表沉降的监测数据和实施效果进行了分析,开发了自动引导测量系统。丁传松在现有的顶力理论、试验结果和计算方法的基础上研究了直线、曲线及超长距离顶管施工中顶力的变化规律,推导出直线顶管及曲线施工中顶推力的理论解并给出了直线顶管施工中的一个经验公式,同时还分析了曲线顶管施工对管节和周围土体的影响效应。魏纲等[86]认为钢筋混凝土顶管失稳是由于管道周围土体提供的抵抗力矩小于偏心顶推力而产生的扭转力矩,造成管节偏离设计轴线。考虑管土相互作用的管道接头铰链模型,建立了首节管道和后续管节的受力模型及土体反力分布模式,结合实际工程提出了长距离直线和曲线顶管施工防止管道失稳的控制措施。黄高飞[87]对大直径长距离三维急曲线钢筋混凝土顶管工程在施工过程中的实际问题和相关技术措施进行了分析研究。费征云[88]结合大直径曲线钢筋混凝土顶管工程,研究了减小周边环境变形的关键施工技术措施。陈剑等[89]采用两节钢筋混凝土顶管原型试验,对直线顶进和曲线顶进时管道的应力分布和顶力的传递进行了分析比较。陈孝湘等在工程实测数据的基础上分析顶力组成及其与顶程、顶进曲率半径等影响因素之间的关系和顶管在平面曲线和垂直剖面曲线以不同曲率半径顶进的摩阻力变化规律。

早期的顶管研究都是围绕钢筋混凝土顶管展开,对钢顶管的研究,一开始也是参照钢筋混凝土管涉及的问题进行研究,钢顶管与钢筋混凝土顶管在材料特性上的差异没有在研究中得到重视。

鲍立平等提出了适合超长距离大直径钢顶管曲线顶进的轨迹控制系统,并分析了各组成部分在轨迹控制中的作用。吴绍珍和李玉磊[90]从设计和施工的角度研究了曲线钢顶管承插式接头中的关键技术问题。陈楠[91]采用数值分析方法,研究了承插式接头曲线钢顶管不同转角对钢顶管应力分布的影响。宋胜录结合小直径急曲率半径钢顶管工程,分析了曲线顶进中的顶力、地面沉降和线形的控制。

钢顶管一般使用焊接式接头,改变其接头形式可使其同样实现曲线顶进。许龙[92]、吴绍珍[93]结合混凝土曲线顶管及直线钢顶管的原理。提出一种承插式的曲线钢顶管接头方式及其参数设计取值,并对其原理及注意事项进行分析。上海严桥支线中的曲线顶管通过在钢顶管中采用柔性接头,实现了小曲率半径的曲线钢顶管[94]。申昊冲[95]采用有限元模拟对承插纵向接头形式进行优化,提出采用钢板连接替代全缝坡口焊连接,该方法初期刚度大,整体性能好,且施工方便,为顶管纵向连接接头的优化设计提供参考。吉茂杰[96]研究了矩形钢顶管 F 形承插口管片接头试件在正弯矩作用下承载能力与接头转角刚度的变化规律,得出了接头试件在正弯矩的作用下呈现出弹性、屈服、破坏 3 个阶段。

从上面的有关研究可以看出,针对混凝土顶管的研究较为成熟,由于混凝土与钢材的材料性质差别较大,钢顶管不能完全照搬混凝土顶管接头设计及计算方法。

1.3 钢顶管技术面临的挑战

虽然顶管技术是由钢顶管的顶进发展而来,但随着钢筋混凝土技术的发展,钢筋混凝土顶管因其比钢顶管具有更大的刚度、更好的受力性能和经济性,逐渐成为顶管技术的首选。同时,钢筋混凝土顶管也存在一定局限,如承受内压范围有限、不能承受一定程度的变形、修复较为困难等问题制约了顶管技术的进一步发展,钢顶管在这些问题上具有一定优势,使其发展又重新得到重视。

设计方面,钢顶管的直径和一次顶进距离不断发展,既有规范中钢顶管的受力变形分析方法有些已经不再适用于更大更长的钢顶管工程,尺寸效应凸显。曲线钢顶管受到传统接头连接形式的制约,限制了其线形的选择和避让障碍物的能力。此外,钢顶管作为薄壁壳结构的质量控制、焊接、防腐、附属结构处理等问题也一直在探索。这些问题决定了钢顶管的施工效率、结构性能和使用的耐久性。

施工方面,顶管注浆减阻、顶进距离突破的相关技术或工艺改进、轴线控制与纠偏、特殊地层的施工工艺等问题,因管材特性差异,钢顶管与钢筋混凝土顶管也存在一些区别，在实践中的处置方法不能简单套用，相关设备和施工工艺也需要进行针对性的改进创新。

钢顶管面临的问题，除了顶管技术共同的问题外，还有随着技术要求提高，其特有的工艺及技术存在的问题。尤其钢顶管越来越多应用于城市给水管网建设等领域，对大直径长距离曲线钢顶管的设计和施工，提出了诸多挑战。

（1）大直径钢顶管结构受力问题

不同于钢筋混凝土这类刚性管，较大的壁厚和刚度，可以忽略结构本身变形，仅需考虑结构的承载能力。钢管直径的增大带来壁厚增加，可以满足钢管的强度验算，但结构刚度不一定能与强度同步增长。大直径钢顶管在结构自重作用下的变形已经不容忽视，在与地层土体的相互作用下结构受力也发生了变化，需要进一步考虑尺寸效应的影响。

（2）大直径长距离钢顶管的结构稳定性问题

管径和一次顶进距离增大，径厚比不变，钢顶管更接近于薄壁壳结构，施工阶段钢顶管的稳定性分析可以看作是以轴压为主的复合荷载作用的圆柱壳稳定性问题。即使仅考虑轴压，圆柱壳的轴压稳定性问题一直都是一个复杂的力学问题。钢顶管的稳定性更为复杂，在管周地层作用下，需要考虑管土相互作用的影响，而弹性地基中钢顶管的施工稳定性问题还缺乏相应的理论研究。

（3）曲线钢顶管小曲率半径顶进问题

刚性（焊接）连接的曲线钢顶管如果仅依靠钢材本身的弹性变形实现一定的曲线线形，不仅曲率半径受到严重制约，一旦轴线偏差超过允许值，容易导致严重的结构变形和应力集中。如何突破现在钢顶管的施工工艺，实现钢顶管小曲率半径曲线顶进是制约钢顶管技术发展的一大瓶颈。

（4）特殊工况下钢顶管的应急处置问题

当遇到地下未知障碍物、地层突变、高水压地层等特殊工况，需要进行清障，或者发生顶力激增、管节变形、涌水涌砂等风险，钢顶管受其结构、材料特点和连接形式影响，既有钢筋混凝土顶管的处置方法不一定适用，需要探索研究适用于钢顶管的应急处置技术。

（5）钢顶管的自动化、信息化施工问题

当前顶管施工普遍存在顶管机控制、主顶系统控制、轴线测量、注浆控制等相互独立，自动化、信息化程度不高，过于依靠施工人员的经验和判断能力，导致行业内施工效率和施工控制水平差异较大，对施工过程缺乏及时分析反馈，对突发情况缺乏预判调整。顶管技术的发展，需要在自动化、信息化方面进一步提升，从点到面，逐步实现全面自动化、信息化施工，最终实现顶管“自动驾驶”。

本书针对目前钢顶管在设计和施工实践中面临的问题，通过产学研联合技术攻关，从理论、技术到工艺、设备，开展了一系列创新工作，破解了钢顶管面临的部分技术瓶颈，可为此后钢顶管的设计与施工提供参考。

第2章 钢顶管设计技术

随着城市化发展对输水需求的不断增大,顶管法朝着直径大、距离长、埋深深、曲线急的趋势不断发展,随之带来大量的设计和施工难题,如:建设和运营阶段大直径钢顶管的管壁结构优化,降低建设和维护成本;长距离钢顶管在建设和运营阶段出现结构失稳,影响结构安全;复杂环境下如何从设计层面控制钢顶管的工程质量,提高管道的使用年限等。这些问题的存在导致必须突破现有的设计施工方法,并在技术上进行创新。

2.1 大直径钢顶管结构设计

2.1.1 钢顶管管道受力分析理论及其修正内力计算方法

1)现行规范的钢顶管计算方法分析

钢顶管中钢管壁厚主要由钢管的强度和刚度来确定,钢管的强度由钢管应力来控制,而刚度由钢管挠度来体现。

《给水排水工程顶管技术规程》(CECS 246—2008)(简称《顶管规程》)中环向应力公式由《给水排水工程埋地钢管管道结构设计规程》(CECS 141—2002)中埋地钢管应力计算引申而来,两者公式基本一致。由于两者所处土体状态不同,两规程的不同之处在于土体参数输入取值有所区别。《顶管规程》认为“钢管的侧向弹性抗力是通过钢和土的弹性比来反映的,不再计入侧向水土压力作用”。因此,计算中未直接考虑侧向土压力对钢管应力计算的作用,而是通过土体参数(主要是管侧土弹性模量)取值不同来反映。

对于这两种由于施工方法不一致的地下柔性管设计,钢管产生的应力既有着相同之处,也有不同之处。因此,竖向土压力的计算对于钢管应力起着重要作用,然而国内外规程对于钢管所受竖向土压力有不同表述。

我国《给水排水工程埋地钢管管道结构设计规程》(CECS 141—2002)中对于

埋地钢管竖向土压力采用的是 Marston 土压力理论,该理论与太沙基理论相似。

美国水工业协会:钢管设计指导手册(AWWA:M11)对于埋地钢管竖向土压力做如下定义:当开槽宽度 B_t 小于两倍的管径 D_0 时($B_t < 2D_0$),按太沙基土拱理论 $F_{v,k1} = C_j\gamma_s B_t D_0$;当开槽宽度 B_t 较大或者为堤埋管时: $F_{v,k2} = \gamma_s D_0 H_s$ 即管道上土柱荷载。

Moser(2001)在《地下管设计》一书中描述了刚性管与柔性管竖向土压力的区别,分析了 Marston 土压力理论对柔性管的适用性及推荐以土柱荷载作为柔性管设计的依据。对于顶管施工方法,他认为当柔性管顶进未被扰动的土中时,竖向土压力当采用管道上部柱状荷载,但该值未能考虑土体之间的摩擦及黏聚力,偏保守。由于柔性顶管数据的缺乏,他认为实际值可能介于上述两者之间。

因此,现行钢顶管计算方法主要存在以下问题:

(1)由于实际管土作用比预想复杂得多,土体的土拱范围、土体滑裂线及土体非线性特性对于现行的弹性分析方法提出更高要求。对于顶管的侧向土压力,《顶管规程》认为该值可通过原状土弹性模量的输入来反映,但未能考虑原状土的不同初始应力状态及有效约束。因此,对于一般管径的顶管,应考虑原状土的有利作用。

(2)管径大小对土体所受竖向荷载有所影响,对于小直径顶管,《顶管规程》计算钢管应力值有可能比实际值小,对于大直径顶管存在可优化的余地。

2)修正公式

影响钢管内力主要有以下设计参数和土体参数,表 2-1 中所列为一般情况下的参数变化范围。

影响管道内力的设计参数和土体参数　　表 2-1

设计参数		土体参数	
壁厚 t(mm)	0.6 ~ 1.0	有效黏聚力 c(kPa)	1
埋深 H(m)	5 ~ 15	有效内摩擦角 φ(°)	24 ~ 37
管径 D(m)	1 ~ 3.5	弹性模量 E(MPa)	5 ~ 20

下面以案例 $D = 3\text{m}$、$H = 10 \sim 20\text{m}$、$t = 0.8\text{mm}$,$E = 10\text{MPa}$、$\varphi = 30°$、$c = 1$,举例说明由于土体卸荷产生的应力变化。

图 2-1 所示为埋深 $H = 10\text{m}$ 时的管顶土压力(总压力值)和管底土压力分布图,由于钢管为柔性管,由图可见两者土压力因为管道变形,产生了土拱作用。中间的土压力峰值都较原状土压力值小:管顶土压力最小值为 151kPa,管肩土压力值为 195kPa,原状土压力值为 178kPa;管底土压力最小值为 173kPa,原状土压力值为 233kPa。图中显示,管底土压力存在着土拱效应。

图 2-1b)为用 MC 模型模拟所得的管底土压力分布图,图 2-1c)所示为用更高级的非线性模型 HS 模拟所得的管底土压力分布图,两者相差不明显。图 2-2 所示为 $E=10\text{MPa}$ 的管侧土压力分布图。图 2-2a)所示的是管道变形后的土压力与 Rankin 土压力的比较,显示了管侧土压力的明显增加。

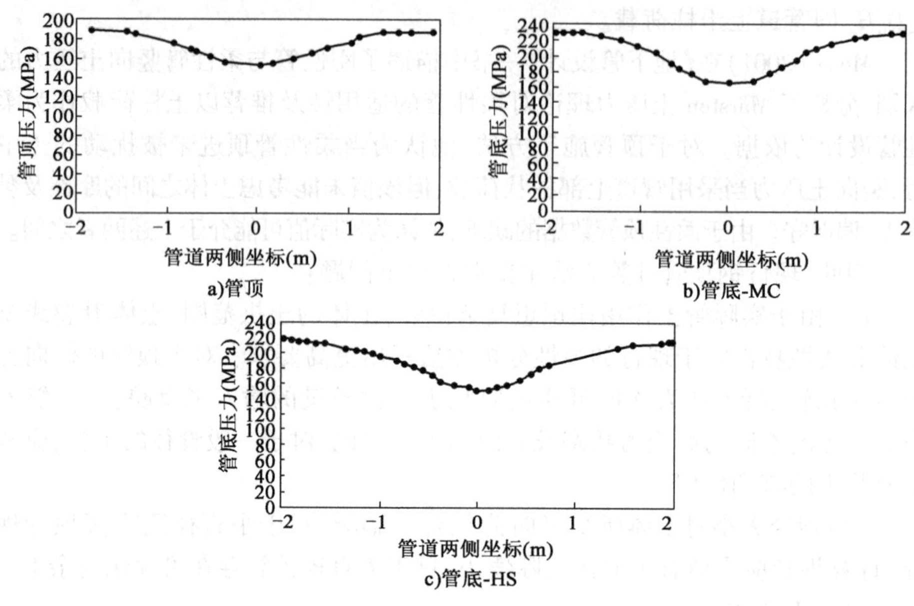

图 2-1 埋深 $H=10\text{m}$ 的土压力分布图

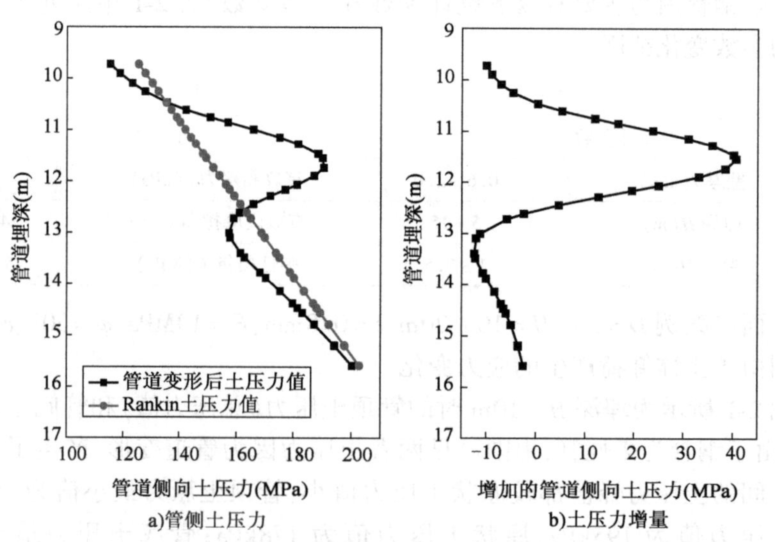

图 2-2 管道侧向土压力分布图

对一系列参数分析的管顶土压力特性数据统计见表2-2，结果显示该规律与国际通行的埋管计算理论相一致。图2-3所示为顶管简化计算的三种模式。随着管道埋深的增加，土拱作用也增加，但管顶最小压力/原状土压力值未呈明显减小。对于管侧土压力，由于原状土与回填土的区别，两者相差亦较大。顶管的侧向土压力与土体的静止土压力系数及压缩模量有很大关系，而对于埋管的侧向土压力，许多方法则采用近似值来计算。对于管底土压力，埋管的基础由于采用人工回填，土质较好，因此可认为其管底反力呈直线分布。而对于顶管而言，由于在原状土中，管底土压力在卸荷作用下亦有土拱作用。

竖向土压力特性统计　　表2-2

埋深(m)	10	15	20
规程计算所得土拱高度(m)	7.8	10.6	12.8
土拱高度/埋深(即Maston土压力)	0.78	0.71	0.64
管顶最小压力/原状土压力	0.85	0.83	0.8
管肩最大压力/原状土压力	1.09	1.09	1.07

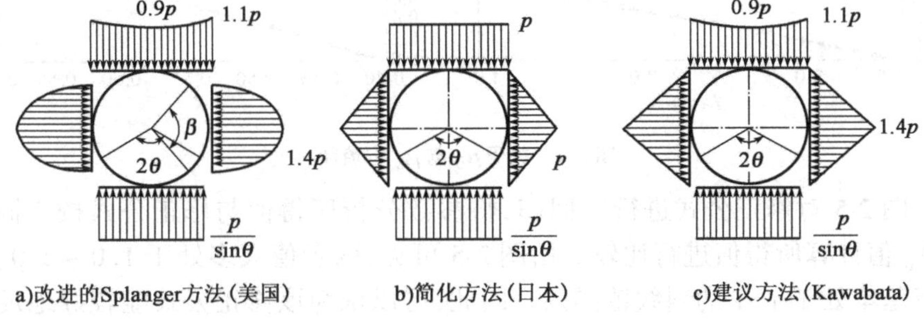

图2-3　顶管简化计算的三种模式

根据以上数据分析可知，顶管的管周土压力存在以下特性：

(1)管顶土压力分布存在土拱效应，并随着深度增加，土拱效应将增加，但未呈明显趋势。根据表2-2分析可知管顶最小土压力介于Maston土压力与土柱荷载之间，这与Moser(2001)提出的相一致。这也意味着Maston土压力理论对于计算管顶土压力稍许偏小。

(2)管侧土压力不应采用简化计算模式，并且该值与土体的天然状态(静止土压力系数和弹性模量)有很大关系。

(3)与埋管不同的是，管底土压力也存在着土拱效应，但效应是否明显与管道变形模式有很大关系。

为了与《给水排水工程顶管技术规程》(CECS 246—2008)相比较，并在前述规范的基础上提出更优化的设计方法。根据计算结果定义了以下系数：

$$\mu_1 = \frac{M_1}{M_2} \tag{2-1}$$

式中：M_1——规范计算所得弯矩标准值；

M_2——有限元软件计算所得值，认为该值为实际受力状态值。

以此来反映实际值与规范计算值的区别。

对 μ 值起主要影响的有两个因素为 D、K_0。根据对数百个案例的参数分析结果拟出关于 D、K_0 的初步修正公式：

$$\mu = \mu_D \cdot \mu_K = 0.87\sqrt[3]{D} \cdot (2K_0 + 0.2) \tag{2-2}$$

当 $D \leqslant 1.5\text{m}$ 和 $K_0 \leqslant 0.4$ 时，不予修正。关于 μ_D 与 μ_K 取值可查阅图 2-4。由图 2-4 可见，一般情况下两者值基本呈线性增长，不超过 1.5。举例：当 $D = 3\text{m}, K_0 = 0.5$ 时，$\mu = 1.5$。

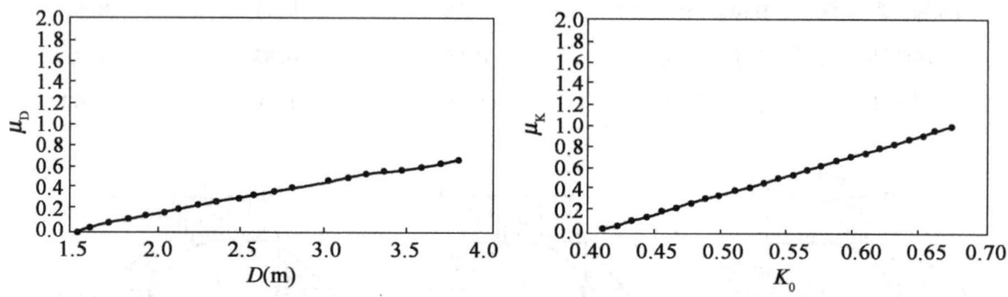

图 2-4　关于 μ_D 与 μ_K 取值图

图 2-5 对修正公式进行了回归，将参数分析所得值与修正公式按不同 D 与 K_0 值计算所得值进行比较。由图 2-5 可见，两者值大多处于 1.0～2.0，数据点基本处于 1∶1 的斜线范围内。因此，可以认为该修正公式能较好地反映参数的分析结果。

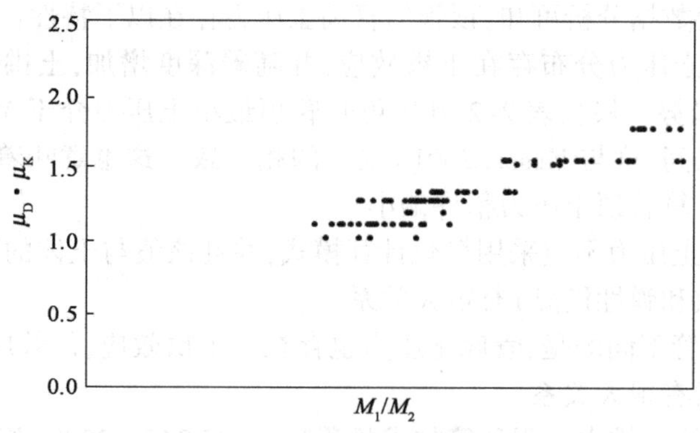

图 2-5　数据回归比较图

当钢管内压较小时，可近似认为 $N=0$，环向应力公式可变化至如下：

$$\sigma_{\theta} \approx \frac{6\mu M}{b_0 t_0^2} = \frac{6M}{b_0 \left(\frac{t_0}{\sqrt{\mu}}\right)^2} \tag{2-3}$$

可见，壁厚可用 $1/\sqrt{\mu}$ 来修正。

2.1.2 钢顶管稳定分析理论及计算方法

在顶管施工中钢顶管受力与诸多因素密切相关，随着顶管距离的不断增加，管土间的摩阻力增大，继而需要提高施工顶力。同时顶管直径的增加也使得钢顶管横截面的受荷条件复杂化。在较大顶力和复杂环向受力等诸多因素的共同作用下，钢顶管的局部和整体的失稳风险进一步提高，同时管土相互作用效应使得土层条件对顶管的稳定性有一定影响。目前国内外还没有规范对大直径长距离钢顶管的稳定性给出合理的设计和施工指导，而日益增多的钢顶管工程中，施工阶段钢顶管局部和整体失稳事故不断出现，不仅严重威胁了工程施工安全，还会造成人员伤亡和财产损失。

1）基于有限条法的弹性地基中的钢顶管屈曲分析

基于一阶剪切变形板理论编写考虑弹性地基的有限条法程序，用于分析轴压作用下两端简支的圆柱壳，近似模拟分析钢顶管在施工过程中的稳定性。圆柱壳由有限多板条组成，根据有限条法原理，三维的管土相互作用模型简化为二维的正多边形管截面模型。正多边形的每一条边表示一个有限条单元，采用考虑变形和转动的三节点线低阶有限条单元。弹性地基的影响通过计算弹性地基的应变能，通过其偏微分形式转变为刚度矩阵，最后整合到结构的刚度矩阵中。有限条法通过最小势能原理，直接增加弹性地基应变能项就可考虑相对复杂的 Pasternak 地基，其简化形式已经包含了温克尔地基模型。

Pasternak 地基模型克服了温克尔地基中弹簧相互独立没有联系的缺点，考虑了地基中的剪切效应。考虑到地基中的剪切效应在实际工程中的重要性，因此增加了剪切弹簧，这样使得 Pasternak 地基模型可以同时考虑竖向压缩和剪切变形。

本节分析 Pasternak 地基中内直径（d）为 4m 的钢顶管模型，径厚比（d/t）为 100，钢顶管管材为理想弹性材料，杨氏模量（E）为 210 GPa，泊松比（v）为 0.3。由于研究比较时采用相同直径的钢顶管，即钢顶管的截面积相同，因此可以用无量纲化的屈曲应力（α）表示屈曲荷载的变化规律。

图 2-6 为直径 4m 的钢顶管在不同的地基反力系数（k）和地基的剪切模量（G）工况下的轴压屈曲荷载结果。相较于不考虑弹性地基和 Winkler 地基

模型，埋置于 Pasternak 地基中的钢顶管轴压屈曲荷载提升明显。结果显示相较不考虑弹性地基的情况和仅考虑 Winkler 弹性地基的情况，考虑 Pasternak 地基的钢顶管整体屈曲荷载有明显提高，但是仅提高剪切模量（G）值并未使整体屈曲荷载发生明显变化。整体屈曲的荷载曲线是由几个向下凸波组成，屈曲荷载的总体趋势并未随着长细比（L/ρ）增大而减小，反而随着长细比（L/ρ）无限增大，屈曲荷载近似趋于收敛。整体屈曲的轴向半波数也发生了变化，相同长细比（L/ρ）条件下，Pasternak 地基模型中钢顶管屈曲的轴向半波数有所增加。

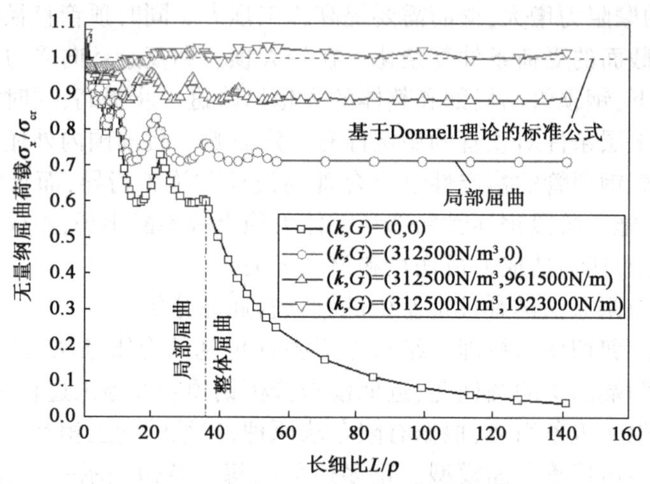

图 2-6 Pasternak 地基中的钢顶管屈曲分析（$d=4\text{m}$）

图 2-7 选取钢顶管内直径（d）分别为 1m、2m、3m 和 4m，径厚比（d/t）均为 100 的钢顶管，研究在相同 Pasternak 地基参数下钢顶管屈曲的尺寸效应。由结果可知，在长细比（L/ρ）较小时，随着管径的增大，屈曲荷载逐渐减小；而在长细比（L/ρ）较大时，随着管径的增大，屈曲荷载总体逐渐增大，但当管径达到 3m 以上，屈曲荷载增长并不规律。对管径分别为 1m 和 2m 的钢顶管，Pasternak 地基中钢顶管的局部屈曲和整体屈曲荷载分界点仍然明显，整体屈曲的荷载曲线是由几个向下凸波组成，屈曲荷载的总体趋势并未随着长细比（L/ρ）增大而减小，反而随着长细比（L/ρ）无限增大，屈曲荷载近似趋于收敛。对管径分别 3m 和 4m 的钢顶管，Pasternak 地基中轴压作用钢顶管以局部屈曲模态为主，整体屈曲较难发生，屈曲荷载的总体趋势并未随着长细比（L/ρ）增大而减小，反而随着长细比（L/ρ）无限增大，屈曲荷载近似趋于收敛。即说明在 Pasternak 地基作用下，大直径长钢顶管由整体屈曲变为局部屈曲，在确定管径（d）和径厚比（d/t）的条件下，屈曲荷载逐渐与管长无关。

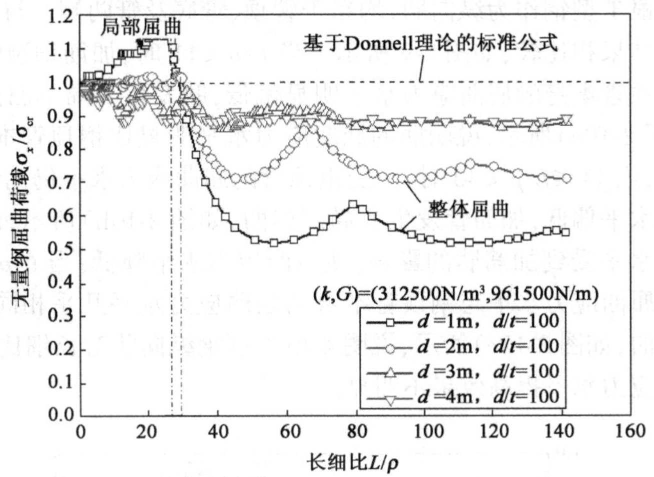

图 2-7 Pasternak 地基中的钢顶管屈曲的尺寸效应

研究成果应用于某跨海原水管道迁改工程(2 根 DN2200 水管,顶进距离 1.65km),该工程中,当顶管施工至航道附近时,累计顶进约 208m,在距 2 号工作井约 150m 处,西线钢顶管轴线最大竖直向上变形达到 61.2cm。继续顶进 24m 后,西线钢顶管轴线最大竖直向上变形达到 69.8cm,严重变形区域影响范围超过 150m,均超过设计允许变形值范围,并且严重威胁了钢顶管施工安全(图 2-8)。采用考虑管土作用的 Pasternak 弹性地基模型进行分析,计算得出海底钢顶管屈曲的临界轴力大于当前顶力,由此判断钢顶管当前状态为整体变形未发生屈曲,对该工程的顶管稳定性安全评估提供了理论支撑,因此后续采取压重措施对顶管变形进行了矫正,未发生顶管失稳。

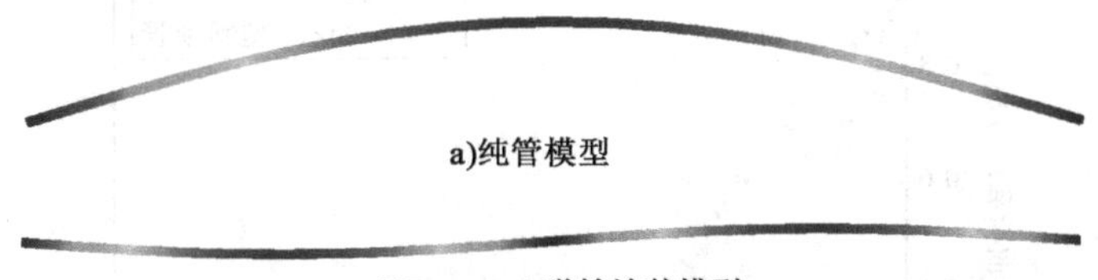

图 2-8 基于 FSM 分析的某跨海原水管道 232m 海底钢顶管的屈曲模态

2)基于有限条法的纵向加筋钢顶管屈曲分析

基于考虑弹性地基的圆柱壳轴压屈曲有限条法 MatLab 程序,对纵向加筋肋继续沿用经典有限条法的建模方式,可以较为方便地分析不同形式的纵向加筋肋对钢顶管受轴压屈曲的影响。本节分析的圆柱壳模型的内直径(d)为 2m,定义无量纲屈曲应力(σ_{cr}/σ_{cr0})和无量纲屈曲荷载(P_{CT}/P_{CT0})反映屈曲荷载的变化规律。

采用4 根 T 型钢作为纵向肋，均布于管顶、管底及管两侧。与钢顶管本身的屈曲应力结果相比较，如图 2-9 所示。当 $L/\rho<11$ 时，加筋钢顶管的屈曲应力水平比钢顶管本身的屈曲应力水平明显偏低，肋发生了局部屈曲而管未发生屈曲，如图 2-10a）所示，说明肋的屈曲应力水平明显比钢顶管本身低，即肋的刚度偏小；当 $11\leqslant L/\rho<40$ 时，加筋钢顶管的屈曲应力水平仍比钢顶管本身的屈曲应力水平偏低，加筋管发生了局部屈曲，如图 2-10b）所示，说明加筋管的屈曲应力水平受到加筋肋的影响，使屈曲应力水平降低；当 $L/\rho\geqslant40$ 时，加筋钢顶管的屈曲应力水平与钢顶管本身的屈曲应力水平几乎相同，加筋管发生了整体屈曲，如图 2-10c）所示，说明 4 根 T 型钢纵向肋对长细比（L/ρ）较大的结构屈曲应力水平提高效果不明显。

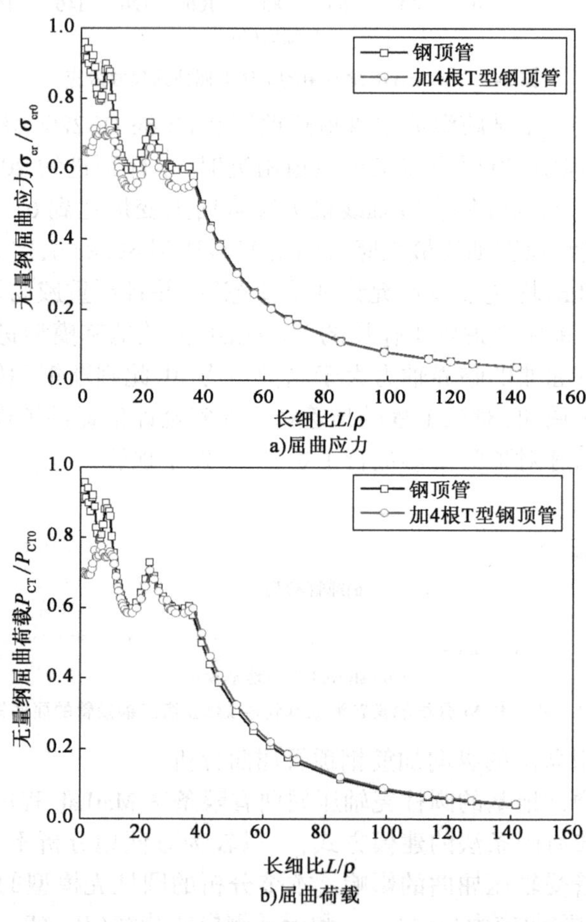

图 2-9　4 根 T 型钢加筋钢顶管的屈曲应力和屈曲荷载分析

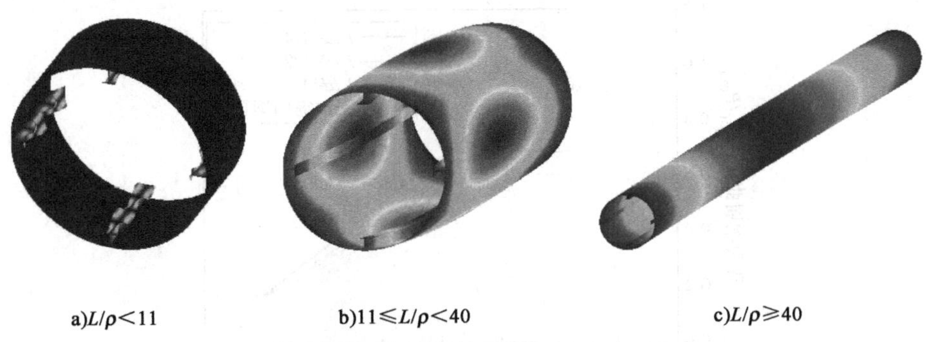

a)$L/\rho<11$　　b)$11\leqslant L/\rho<40$　　c)$L/\rho\geqslant 40$

图 2-10　4 根 T 型钢加筋钢顶管的几种典型屈曲模态

3)基于有限元法的加筋钢顶管屈曲分析

单独考虑纵向肋和环向肋都无法对不同工况条件下钢顶管的轴压屈曲临界荷载起到稳定的提升。使用相同的加筋肋,随着管径的不断增大,肋对局部刚度加强效果也减弱,而对钢顶管的整体刚度几乎没有影响,最终导致整个结构的轴压屈曲临界荷载降低。此外,在相关分析中,肋可能先于管发生屈曲失稳,反而降低了结构的整体稳定性。因此考虑同时使用纵向肋和环向肋对施工阶段受轴压的钢顶管进行加固,利用肋间的相互支撑,提高加筋肋的整体刚度,进而提高施工阶段钢顶管的轴压稳定性。

图 2-11 所示为直径为 4m 的钢顶管,采用[16a 槽钢作为正交加筋肋与不加肋的钢顶管比较,随着环向肋间距与管径比(I_s/d)增大,轴压屈曲临界荷载逐渐减小。但不同的环向肋间距与管径比(I_s/d)下,正交加筋钢顶管的轴压临界荷载变化趋势基本相同。轴压屈曲临界荷载在长细比(L/ρ)较小时受环向肋间距的影响相对较大,且并未随长细比(L/ρ)增大立即减小。在长细比(L/ρ)进一步增大时,正交加筋肋中的环向肋间距对钢顶管的轴压屈曲临界荷载影响才逐渐减小。当 $I_s/d=1/4$ 时,轴压屈曲临界荷载相较没有环向肋的钢顶管最大增幅达到 52.80%;当 $I_s/d=1/2$ 时,轴压屈曲临界荷载相较没有环向肋的钢顶管最大增幅达到 28.57%;当 $I_s/d=1$ 时,轴压屈曲临界荷载相较没有环向肋的钢顶管最大增幅达到 14.90%。

从模态上看,正交加筋肋中的环向肋间距对短管和中长管的局部屈曲一阶模态影响较大,如图 2-12 所示。对长细比(L/ρ)较小的短管,轴向屈曲半波数几乎没有发生变化,但是随着环向肋间距减小,局部屈曲一阶模态的轴向屈曲半波数明显有增加的趋势。对中等大小长细比(L/ρ)的中长管,不加肋的钢顶管轴向有一个屈曲半波,正交加筋的钢顶管轴向均有两个屈曲半波。说明正交加筋肋有效增加了钢顶管的局部刚度,使局部屈曲更难发生。

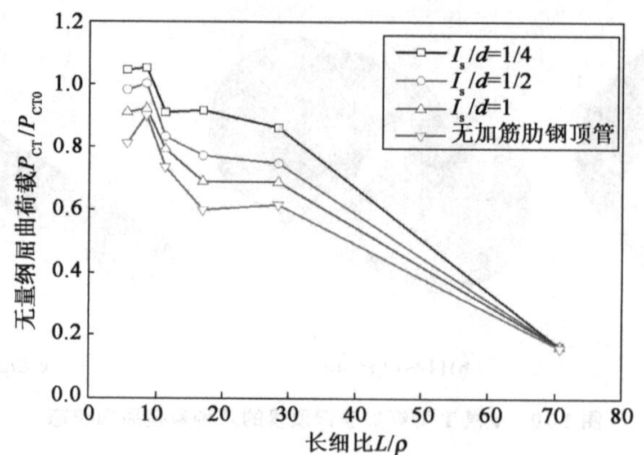

图 2-11 正交加筋肋对钢顶管轴压稳定性的影响（$d=4$m）

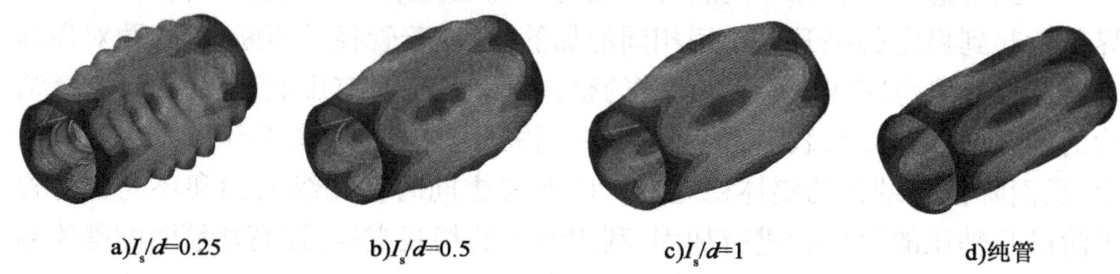

图 2-12 环向加筋钢顶管 $L/\rho=5.66$ 的局部屈曲模态（$d=4$m）

总体来说，由于纵向肋和环向肋共同作用，正交加筋肋比单独使用一种形式的肋对钢顶管稳定性提高显著。且对中等直径的钢顶管，在环向肋间距与管径比（I_s/d）为 2 时，轴压屈曲临界荷载相较没有环向肋的钢顶管最大增幅达到 54.94%，可以大大提高按纯管考虑的结构稳定性设计顶力值，同时完全可以满足施工顶力提高的要求（表 2-3）。即使对大直径钢顶管，用同样型号的正交加筋肋，也可以大大提高按纯管考虑的结构稳定性设计顶力值，完全可以满足施工顶力提高的要求。从安全和经济适用的角度，上述分析均为钢顶管在施工过程中轴压稳定性的提高起到了很好的参考。

不同管径的临界屈曲荷载提高情况　　表 2-3

钢顶管直径（d）	长细比	临界屈曲荷载提高值	
		环向肋	正交肋
中等直径（$1.8\text{m}\leq d<3\text{m}$）	短管和中长管	$I_s/d=2$ 时，37.72%	$I_s/d=2$ 时，54.94%
	长管	基本无影响	
大直径（$d\geq 3\text{m}$）	短管和中长管	总体显著降低	$I_s/d=1$ 时，14.90%
	长管	基本无影响	

上述分析结果显示，对中等直径钢顶管（$1.8\text{m} \leqslant d < 3\text{m}$），可仅用环向肋间距与管径比 $l_s/d < 2$ 的环向肋进行加固；对大直径钢顶管（$d \geqslant 3\text{m}$），应用环向肋间距与管径比 $l_s/d < 1$ 的环向肋与均布于管顶、管底和两侧的 4 根纵向肋共同加固。

某取水管延伸工程（DN1800，顶进距离 1.6km），在施工过程中发生了局部屈曲，如图 2-13 所示，对局部屈曲段采用纵向钢板、环向肋和竖向支撑复合加固，对大变形段采用环向肋和竖向支撑复合加固，对后续顶进仅用环向肋加固，有效控制了原有局部屈曲变形的继续发展，提高了施工阶段钢顶管的稳定性，后续管段顺利顶进完工，验证了加固的可行性，如图 2-14 所示。

a)

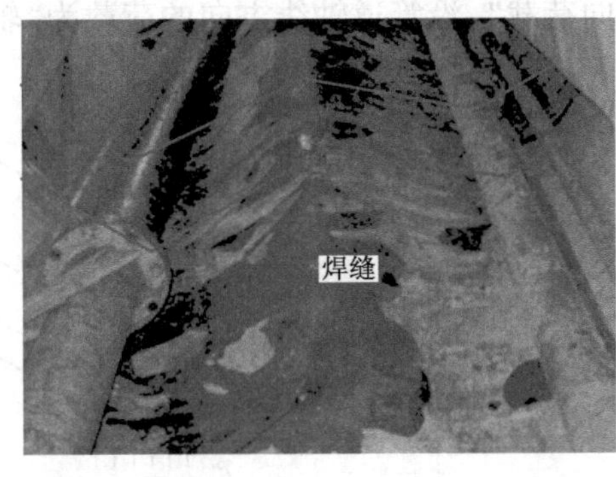

b)

图 2-13　钢顶管的局部屈曲变形

图 2-14　屈曲钢顶管加固效果

2.2 曲线钢顶管设计与构造

2.2.1 连续焊接钢管曲线顶进技术研究

1)连续焊接直线钢顶管分析方法

钢顶管在施工、运行过程中存在多种工况,每种工况所受的荷载不一样,主要荷载如图 2-15 所示,不同荷载的作用见表 2-4。表中荷载主要是横跨管轴方向的,如管外水土压力、管内水压力等;有的是沿管道轴线方向的,如顶力、摩阻力和温度力等。为描述方便起见,以下简称横跨管轴方向的荷载为"环向荷载",沿管道轴线方向的荷载为"轴向荷载"。

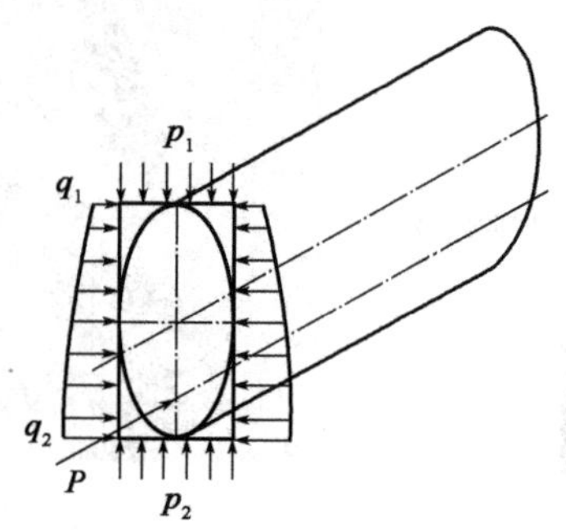

图 2-15　钢顶管荷载简图

钢顶管荷载作用表　　表 2-4

钢顶管荷载作用	荷载名称
永久荷载	钢管自重
	管道土压力(竖向、侧向)
	管道内水自重
	轴线偏差引起的纵向作用
可变荷载	管道内水压力
	地面堆载及车辆荷载
	地下水作用荷载
	温度作用
	顶力作用、摩阻力
	真空压力

根据目前国内外的相关资料，对于直线顶进钢顶管的环向受力分析计算模式较多，如原苏联的耶梅里杨诺夫计算模式（简称“耶式模式”）、美国的Spangler M. G. 计算模式（简称“斯式模式”）。中国工程建设协会的相关标准主要采用了美国的斯式模式并结合国内实际情况和相关的工程实践经验，对钢顶管直线顶进的设计施工作了相关的规定和要求。我国现行顶管标准的计算模式已经在国内工程中广泛应用，因此本文主要参照顶管标准的计算模式进行分析。

该模式计算简图如图 2-16 所示，管道的内力和变形计算公式做了如下假定：

（1）管道在外土压力及内水压力的荷载组合作用下，管道的环向弯矩和竖向变形由三部分组成：一为管顶竖向土压力和与之平衡的反力引起的；二是管道两侧土的水平弹性抗力引起的；三为内水压力 F_{wk} 引起的。

（2）竖向变形近似等于水平变形。

（3）考虑设计内水压力使管道竖向变形减小等因素，引入了折减系数 φ。

（4）管壁环向截面上最大弯矩 M 的计算公式考虑了管道与土的共同作用，并利用竖向压力同土弧基础上与之平衡的反力，进行计算得出。

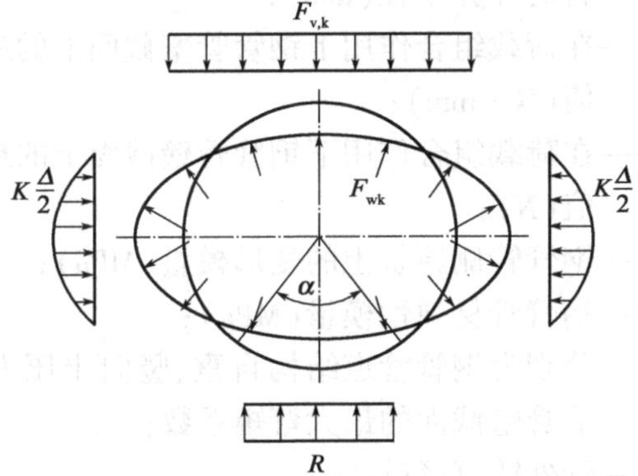

图 2-16 钢顶管的环向受力计算简图

钢顶管直线顶进的强度和变形计算的主要计算公式如下：

$$\eta\sigma_{\theta} \leqslant f \tag{2-4}$$

$$\eta\sigma_{x} \leqslant f \tag{2-5}$$

$$\gamma_0\sigma \leqslant f \tag{2-6}$$

$$\sigma = \eta\sqrt{\sigma_{\theta}^2 + \sigma_{x}^2 - \sigma_{\theta}\sigma_{x}} \tag{2-7}$$

$$\sigma_{\theta} = \frac{N}{b_0 t_0} + \frac{6M}{b_0 t_0^2} \tag{2-8}$$

$$N = \varphi_c \gamma_Q F_{wd,k} r_0 b_0 \tag{2-9}$$

$$M = \varphi \frac{(\gamma_{G1} k_{gm} G_{1k} + \gamma_{G,sv} k_{vm} F_{sv,k} D_1 + \gamma_{Gw} k_{wm} G_{wk} + \gamma_Q \varphi_c k_{vm} q_{ik} D_1) r_0 b_0}{1 + 0.732 \frac{E_d}{E_p}(\frac{r_0}{t_0})^3} \tag{2-10}$$

$$\sigma_x = \nu_p \sigma_\theta \pm \varphi_c \gamma_Q \alpha E_p \Delta T + \frac{0.5 E_p D_0}{R_1} \tag{2-11}$$

上述式中：γ_0——结构重要性系数；

η——应力折减系数，可取 $\eta = 0.9$；

f——管材的强度设计值（MPa）；

σ_θ——管道横截面的最大环向应力（MPa）；

σ_x——钢管管壁的纵向应力（MPa）；

b_0——管壁计算宽度（mm）；

φ——弯矩折减系数，有内水压时取 0.7，无内水压时取 1.0；

φ_c——可变作用组合系数；

t_0——管壁计算厚度（mm），取 $t_0 = t - 2$；

r_0——管的计算半径（mm）；

M——在荷载组合作用下钢管管壁截面上的最大环向弯矩设计值（N · mm）；

N——在荷载组合作用下钢管管壁截面上的最大环向轴力设计值（N）；

E_d——钢管管侧原状土的变形模量（MPa）；

E_p——钢管管材弹性模量（MPa）；

k_{gm}、k_{vm}、k_{wm}——分别为钢管管道结构自重、竖向土压力和管内水重作用下管壁截面的最大弯矩系数；

D_1——管外壁直径（m）；

q_{ik}——地面堆载和车载的较大值；

ν_p——钢管管材泊松比；

α——钢管管材线膨胀系数；

ΔT——钢管管道的闭合温差（℃）；

R_1——钢管顶进施工变形形成的曲率半径。

钢管管道在准永久组合作用下的最大竖向变形 $\omega_{c,max}$，应按下式计算：

$$\omega_{c,max} = \frac{k_b r_0^3 (F_{sv,k} + \psi_q q_{ik} D_1)}{E_p I_p + 0.061 E_d r_0^3} \tag{2-12}$$

式中：k_b ——竖向压力作用下柔性管的竖向变形系数；

I_p ——钢管管壁单位纵向长度的截面惯性矩(mm^4/m)；

其余符号含义同前。

根据上述计算公式，直线钢顶管的壁厚一般约为 $0.01D_1$，与工程实践较为符合。

2）连续焊接曲线钢顶管受力分析

在实际工程中，会面临钢顶管曲线顶进的需求，曲线管道如图 2-17 所示，但目前还没有相关的曲线钢顶管的计算方法。《顶管规程》中明确规定，“焊接钢管不宜采用曲线顶管”，同时，对直线顶进式的顶进允许偏差，顶进施工变形所形成的曲率半径也做了相应的规定，其主要目的是为了避免施工不当所产生的过大弯曲应力而造成管道的破坏。

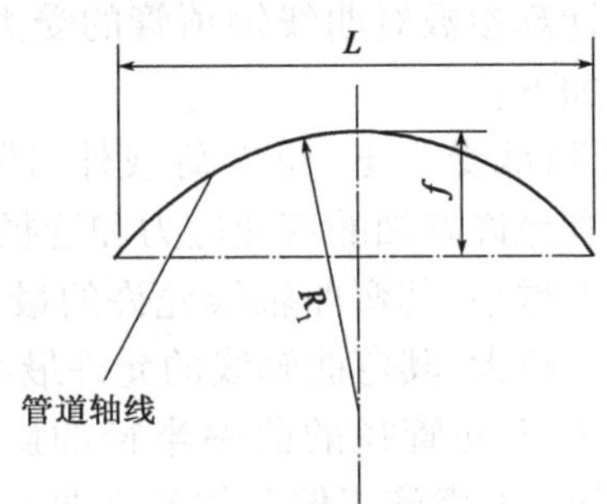

图 2-17 曲线管道示意图

根据材料力学，对一般的梁杆，用中性层曲率表示的弯曲变形和弯曲应力公式：

$$\frac{1}{R} = \frac{M}{EI} \tag{2-13}$$

式中：R——半径；

M——弯矩；

I——截面惯性矩；

E——弹性模量。

$$\sigma_m = \frac{0.5E D_0}{R} \tag{2-14}$$

式中：σ_m——弯曲应力；

D_0——钢顶管公称直径；

其余符号含义同前。

在不考虑其他荷载，仅考虑弯曲变形情况下可知，为保证管道不破坏，管道轴线的曲率半径与管道直径之比应满足条件：$R/D > 0.5E/\sigma_y = 0.5 \times 20600/215 = 479$。由此可知，在仅考虑弯曲应力的情况下，钢管最小的曲率半径与直径之比为常数479，与管道的壁厚无关。只考虑弯曲应力，似乎有进行钢管曲线设计的可能。然而顶管受力情况较为复杂，还要承受水土荷载、温度荷载等，需要综合考虑。

对于直线顶管的环向受力模式，有大量的研究成果，而曲线管道的环向受力模式，目前还没有相关的研究资料，因弯曲半径一般远大于管道直径，其环向荷载的分布和处于直线状态相比应该相差不大。本研究中环向荷载的计算暂采用直线顶管的计算模式，按照《顶管规程》中的相关公式来计算，并在轴线上考虑弯曲应力的影响。

本节对连续焊接曲线钢顶管的受力情况进行了分析，在直线钢顶管分析的基础上，采用假定的计算参数对曲线钢顶管的受力情况及施工误差的影响进行了分析，主要结论如下：

(1)连续焊接钢管除承受水土、温度荷载外，还能够承受一定的弯曲应力，形成曲线管道。钢管允许施加的弯曲应力和管径的大小相关，管道直径越大，允许施加的弯曲应力越小，其弯曲轴线允许的最小曲率半径越大；管径越小，允许施加的弯曲应力越大，其弯曲轴线的允许最小曲率半径越小。

(2)施工允许偏差对不同管径的曲率半径的影响有明显的不同。对于DN1000～DN2000的管道，考虑施工偏差的最小曲率半径R'_1和不考虑施工偏差的最小曲率半径R_1相差不大，在10%以内；对DN2000～DN3000的管道，R'_1和R_1相差在10%～30%；而对DN3000以上的管道，施工允许偏差的影响非常明显，R'_1要比R_1大30%以上。

(3)对于连续焊接钢管，当在DN2000mm以下时，理论分析上可以按(900～2200)D(D为钢顶管公称直径)的曲率半径进行曲线顶管；当在DN2000～DN3000mm之间，钢管可以承受一定的弯曲应力，在合理控制施工偏差的前提下，可以进行(2200～5600)D曲率半径的曲线顶管施工；当大于DN3000mm时，钢管允许施加的弯曲应力较小，不应采用连续焊接曲线顶进的施工方式。

2.2.2　分节钢顶管曲线顶进技术研究

与钢顶管在工作井内焊接完成后再连续顶入土体中不同的是，混凝土顶管是分节顶入土层的，顶入土层后一般不再对管节间采取连接固定措施，混凝土顶管各管节间相对独立，混凝土顶管在整体上沿轴向的抗弯刚度很小(近似于零)，在顶进过程中相对易于纠偏和调整轴线方向，因此钢筋混凝土曲线顶管已有较多的工程实例。那么能否采用混凝土顶管曲线顶管技术应用于钢顶管的曲线顶进呢?

一个技术方案为:参照钢筋混凝土管道的曲线顶管施工工艺,钢顶管在顶入土体前不进行焊接,采用分节顶进土层的方式,可避免除钢顶管焊接完成后顶进所产生的巨大弯曲应力,待钢顶管全部按设计轴线就位后,再对各管节进行连接处理,以满足正常运行的需要。此方案称为钢顶管的分节钢管曲线顶进。

为探索分节钢管曲线顶进的适用性,本节首先对混凝土曲线顶管作简单介绍,并对钢顶管和混凝土曲线顶管的力学性能进行比较,在此基础上对单元管节法曲线钢顶管顶进时的受力性能进行初步的分析。

1)混凝土曲线顶管

曲线顶进技术在钢筋混凝土管中应用已经较为普遍,混凝土曲线顶管施工方法主要有两类:一类是普通的曲线顶管,即利用顶管机机头在顶进过程中朝特定的方向偏转形成弯曲曲线,这种方法一般只能形成相对简单的曲线;另一类是可调式曲线顶管,即在每一段管节接头处安装适当数量的调整器,通过调整器调整管段间的张角,使管道形成符合设计需求的曲线,该种方法可以形成较为复杂的复合曲线。

如上海市西藏路电力隧道南延伸段 ϕ2700 型钢筋混凝土顶管工程、上海市雪野路电力隧道 ϕ2700 型钢筋混凝土顶管工程,均采用 F 型承插式接口,这两段顶管的轴线都是三维复合小曲率半径的顶管。由于钢筋混凝土管管节之间采用的是柔性接口(承插口),承口和插口之间留有缝隙,可根据需要调整角度,进而能够实现曲线顶进。混凝土管节间留有缝隙,虽然缝隙间设置了橡胶圈等止水措施,但钢筋混凝土管节组成的整体管道因种种原因仍不能承受较高的内外水压力,因此钢筋混凝土管在内水压力较高的输水管道中较少采用。

2)钢顶管、混凝土顶管的比较

对于一般钢顶管和混凝土顶管而言,力学性能上主要存在以下区别:

(1)管道环向:工程上钢顶管的壁厚一般取 $0.01D$(D 为钢顶管公称直径),而混凝土顶管管壁厚度约为 $0.1D$,同样管径的管道环向刚度(EI),混凝土顶管约是钢顶管的 150 倍。

(2)管道轴线方向:对混凝土顶管道而言,由于是分节的,管节间存在间隙,不能传递拉力,管道整体的刚度为零(但是单节管道的纵向刚度非常大),所以顶进过程中容易纠偏;对钢顶管而言,管壁薄,但因整体焊接,故整体管道的纵向刚度大,导致顶进过程中不易纠偏,因壁薄,不易传递管道不均匀轴向力,且在沿轴向压力作用下易于发生失稳破坏。

(3)对正常使用状态而言,钢顶管环向易于变形,变形一般应控制在 $2\%D \sim 3\%D$;而混凝土顶管为裂缝控制,裂缝宽度控制在 0.20 ~ 0.30mm,同时,混凝土顶管还要注意控制不均匀沉降。

钢顶管采用分节实现曲线顶进的受力状况非常复杂,经简化后的基本受力模型如图 2-18 所示。目前钢顶管在这种受力模式下还没有成熟的理论分析及计算方法。由于条件的限制,也不能进行验证分析,本节采取数值模拟的方法来分析钢管分节曲线顶进时受力的一些基本规律。

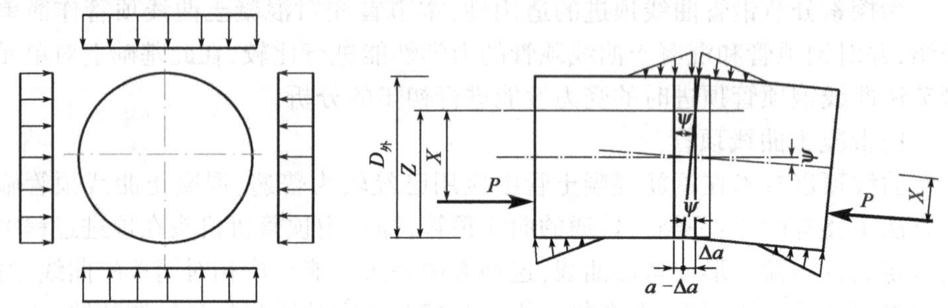

图 2-18　曲线顶进管段的受力示意图

图 2-18 所示的曲线钢顶管受力模型,类似于承受复杂荷载的圆柱薄壳。圆柱薄壳应用范围很广,长期以来其力学性能(尤其是受压作用下的屈曲问题)一直是壳体稳定研究中最为活跃的课题之一。较为遗憾的是,目前对圆柱壳屈曲的研究,仅得到简单荷载包括均匀轴压、均布围压/内压、轴向扭矩等少数荷载在简单边界条件下独立作用的圆柱壳屈曲弹性解析解。在航天、船舶等工程领域,部分组合荷载通过试验,得到了少量可供参考的经验公式。由于试验结果也受各种因素作用,经验公式能够应用的范围有限。在考虑材料弹塑性、结构初始缺陷、复杂边界条件和复杂荷载组合的情况下,目前还没有令人满意的解决方案。

随着数值模拟技术的发展,利用成熟的数值模拟软件进行圆柱壳屈曲研究也得到快速发展。虽然数值模拟技术也存在所作假设与实际工程有差距,数值解的精度难以确定等问题,但通过数值计算结果能够分析出模拟对象的基本受力性能,为工程提供一定的依据。

3)分节钢管的稳定性数值分析

基于以下基本假定:几何形状完善、简支边界条件、材料处于弹性阶段以及壳体处于薄膜应力状态,通过线性特征值问题的求解,弹性力学给出了以下几种荷载作用下的屈曲荷载经典解。

(1)圆柱壳轴向受压临界应力

如图 2-19 所示,假设有一圆柱壳,两端简支,受轴向均布压力作用,其临界应力为:

$$p_{cr} = \frac{Et}{R\sqrt{3(1-\nu_e^2)}} \tag{2-15}$$

式中：R——半径(m)；

t——厚度(m)；

E——弹性模量；

ν_e——泊松比。

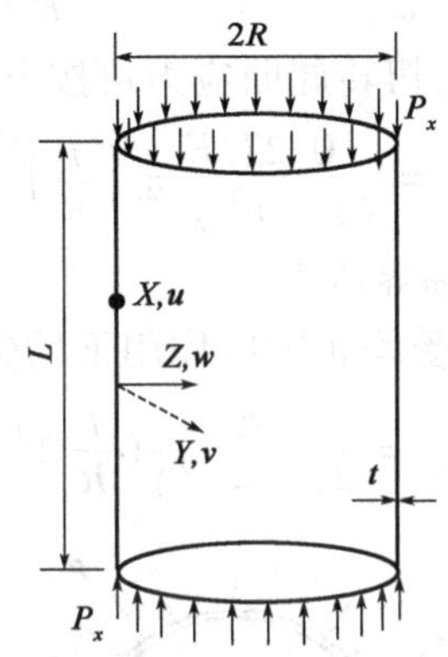

图 2-19　圆柱壳体轴压示意图

该公式所表示的圆柱壳在轴压作用下的屈曲强度与长度无关，适用于中等长度的圆柱壳。但试验所得的圆柱壳临界应力还与长度有关。本研究中仅用上式来比较数值计算在弹性稳定性分析的可靠性。

(2)圆柱壳受扭转临界应力

如图 2-20 所示，一般情况下，圆柱壳体扭转屈曲剪应力由下式计算：

$$\tau_{cr} = \frac{k\pi^2 E}{12(1-\nu_e^2)}\left(\frac{t}{L}\right)^2 \tag{2-16}$$

式中：k——扭转屈曲系数；

L——长度(m)；

其他参数含义同上。

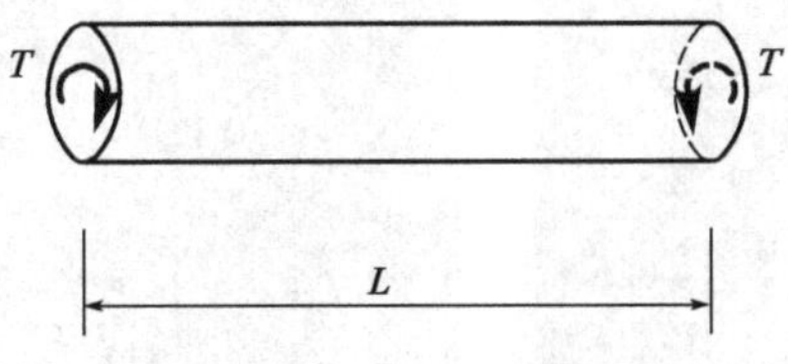

图 2-20　圆柱壳体受扭示意图

对于不同长度的圆柱壳体，扭转屈曲系数可按下式进行计算：

当 $50 < Z < 10(R/t)^2(1-\nu_e^2)$ 时：

$$k = 0.85Z^{3/4} \tag{2-17}$$

$$Z = \frac{L^2}{Rt}(1-\nu_e^2)^{1/2} \tag{2-18}$$

当 $10(t/R)^{1/2} < L/R < 3(R/t)^{1/2}$ 时，扭转屈曲应力可按下式计算：

$$\tau_{cr} = 0.85\frac{\pi^2}{12}(1-\nu_e^2)^{-5/8}E\left(\frac{t}{R}\right)^{5/4}\left(\frac{R}{L}\right)^{1/2} \tag{2-19}$$

当 $L/R > 3(R/t)^{1/2}$ 时，扭转屈曲应力可按下式计算：

$$\tau_{cr} = \frac{0.272E}{(1-\nu_e^2)^{3/4}}\left(\frac{t}{R}\right)^{3/2} \tag{2-20}$$

(3)圆柱壳受均布围压临界压力

如图 2-21 所示，圆柱壳受均布围压作用下的失稳临界力为：

$$p_{cr} = \frac{E}{4(1-\nu_e^2)}\left(\frac{t}{R}\right)^3 \tag{2-21}$$

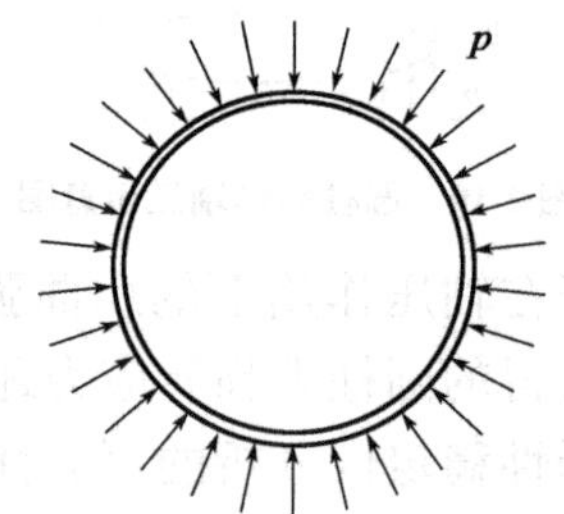

图 2-21　圆柱壳体均布围压示意图

4)钢顶管受力数值分析方法

本节以 DN3600 钢顶管为基本分析对象，钢管内径 $D_{内}=3.6$m，壁厚 $t=34$mm，在有限元软件 ABAQUS 中采用三维壳单元构建计算模型，如图 2-22 所示。

a)

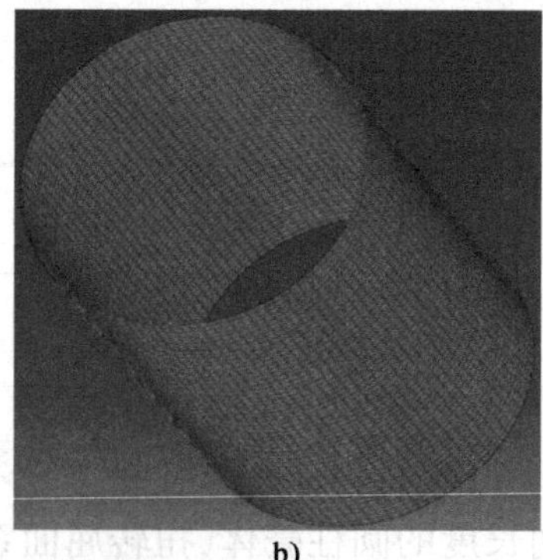

b)

图 2-22　钢管数值计算模型

在数值模拟中，网格单元类型、网格大小将影响模型的计算时间和计算精度。为使数值模拟既有较高的效率，又能达到满足工程需要的精度要求，本次分析预先进行一次网格优化模拟，不同网格对计算精度的影响见表 2-5。模拟选用直径5.5m钢管，计算弹性屈曲临界荷载，并与弹性屈曲的经典理论解进行比较。

不同网格对计算精度的影响　　表 2-5

网格类型	S4		S8R		理论值
网格大小	0.2m	0.5m	0.1m	0.2m	
壁厚 0.004m	16510	23410	12780	12670	12680
壁厚 0.006m	35290	60990	28610	28730	28550

注：表中数值为钢管轴向屈曲荷载，单位 kN。

图 2-23 所示为网格对精度的影响曲线。由图可见，选用 S8R 单元类型，网格的大小选择 0.2m，ABAQUS 模拟结果与弹性屈曲的经典理论解基本吻合。

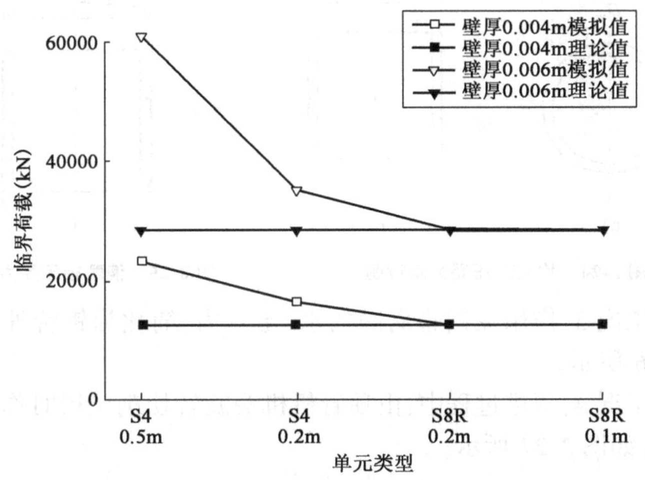

图 2-23　网格对精度的影响

此类的网格单元，钢管的材料参数见表 2-6。

数值分析采用的材料参数　　表 2-6

参数	数值
弹性模量(GPa)	210
泊松比	0.3
密度(kg/m^3)	7850
屈服应力(MPa)	235

相关文献表明,考虑材料弹塑性、结构初始缺陷的圆柱壳体的稳定性和弹性分析相差较大。钢顶管的稳定分析采用弹塑性分析,基本步骤为:首先进行钢管的特征值屈曲计算,得到钢管有可能发生的屈曲模态;然后将一阶模态乘以比例因子作为钢管的初始缺陷;最后进行弹塑性分析。在钢顶管施工过程中,钢管可能受到轴向顶力、围压、轴向扭矩等复杂荷载作用。根据实际施工情况可以提炼出 4 种基本荷载作用工况和由这 4 种简单荷载工况组合而成的 3 种组合荷载工况,这 7 种工况即为钢顶管施工过程中常见的受力情况。

(1)基本荷载工况

①基本工况 1:作用在钢管管口的千斤顶均匀顶进时的轴向顶力简化为作用在管口的均布轴向荷载,如图 2-24 所示。

②基本工况 2:在钢管曲线顶进过程中或调整钢管顶进姿态时,作用在管口的偏心轴向荷载,如图 2-25 所示。

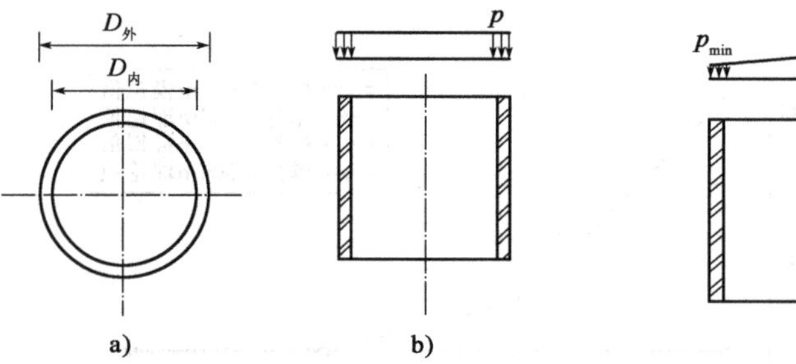

图 2-24　均载轴压受力示意图　　图 2-25　偏载轴压受力示意图

③基本工况 3:作用在钢管周围的水、土压力,简化为钢管外壁的均布压力,如图 2-26 所示。

④基本工况 4:顶进过程中,由顶管机机头旋转切削土层时作用在钢管上的轴向扭转,如图 2-27 所示。

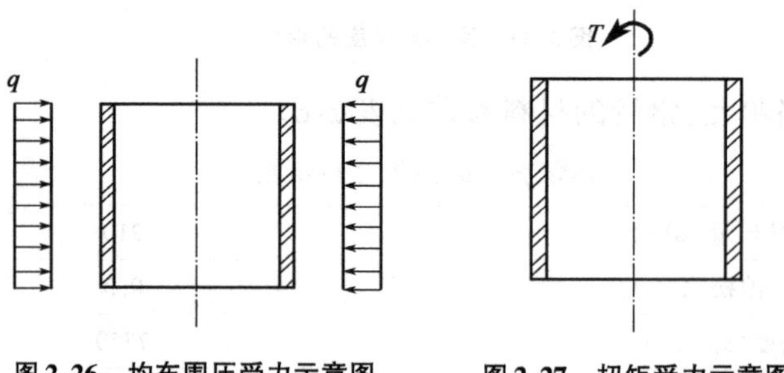

图 2-26　均布围压受力示意图　　图 2-27　扭矩受力示意图

(2)组合荷载工况

①组合工况1:作用在钢管管口的千斤顶均匀顶进同时受周围的土压力作用,简化为轴压均载和均布围压共同作用的组合工况。

②组合工况2:作用在钢管管口的千斤顶均匀顶进同时受顶管机旋转切削土层作用在管身上的扭矩,简化为轴压均载和扭矩共同作用的组合工况。

③组合工况3:作用在钢管管口的千斤顶均匀顶进同时受周围的土压力作用和顶管机旋转切削土层作用在管身上的扭矩,简化为轴压均载、均布围压和扭矩共同作用的组合工况。

5)基本荷载下的数值分析

在基本荷载工况模拟过程中,取平均管径为3.6m,以5.5~50m的不同管长、0.002~0.048m的不同壁厚,研究钢顶管在不同几何及不同荷载下的稳定性情况。在特征值屈曲计算中,选用Lanczos法分析钢管可能发生的屈曲模态,并取一阶模态变形值乘以0.01的比例因子作为钢管初始缺陷变形,进行弹塑性分析。

(1)均匀轴压作用

轴压均载工况对钢管施加两端简支边界条件,在未约束轴向位移端管壁上直接施加均匀轴向压力,钢管在轴压下有多种失稳形式,其中一阶模态如图2-28所示。

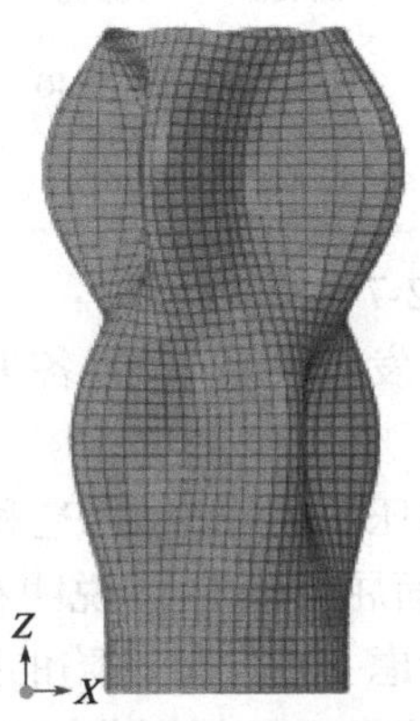

图2-28 钢管轴压下一阶模态形式

钢管在轴向均匀压力下的失稳承载力见表2-7。表中P_{cr}为按弹性理论计算的圆筒轴压屈曲临界值$P_{cr} = \sigma_{cr}A$;表中P_y为钢管整体屈服时的轴向压力$P_y = \sigma_y A$ $P_{cr} = \sigma_y A$,$\sigma_y = 235\text{N/mm}^2$,$A$为钢管横截面面积;$P_{cr1}$为采用

ABAQUS 数值计算结果，是钢管在理想状态下，未引入初始缺陷的弹性特征值计算中的失稳一阶模态特征值；P_{cr2}亦为采用 ABAQUS 数值计算结果，是钢管在特征值分析的基础上，假定一阶模态变形的 0.01 倍作为初始缺陷进行理想弹塑性计算的弹塑性失稳值。

钢管轴压均载的失稳临界值(单位:kN) 表 2-7

壁厚(m)	计算模式	不同管长下失稳临界值				轴压屈曲理论值 P_{cr}	全截面屈服值 P_y
		5.5m	10m	15m	50m		
0.002	弹性值 P_{cr1}	3650	3460	3360	3040	3170	5320
	弹塑性值 P_{cr2}	840	700	1110	1830		
0.008	弹性值 P_{cr1}	53960	50520	49810	39850	50780	21310
	弹塑性值 P_{cr2}	13460	15950	17650	19160		
0.016	弹性值 P_{cr1}	201370	198000	193280	149570	203570	42710
	弹塑性值 P_{cr2}	38670	40350	40930	40910		
0.020	弹性值 P_{cr1}	31250	306550	298970	222520	318430	52860
	弹塑性值 P_{cr2}	50520	51180	51570	51560		
0.034	弹性值 P_{cr1}	884770	857560	831730	593640	923830	89510
	弹塑性值 P_{cr2}	87460	88820	88960	89040		
0.048	弹性值 P_{cr1}	1730080	1668210	1561740	1160760	1848350	125870
	弹塑性值 P_{cr2}	125320	125920	126220	126190		

从图 2-29、图 2-30 和表 2-7 中可以看出：

①当钢管管壁较小时，易发生失稳破坏，各失稳临界值均远小于管道全截面屈服值。

②当钢管管壁较厚时，轴压屈曲理论值 P_{cr}和数值计算结果 P_{cr1}的弹性失稳临界值均远大于管道全截面屈服值 P_y。说明在管壁较厚时，不会发生弹性力学意义上的失稳破坏；但考虑一定初始缺陷的弹塑性失稳值 P_{cr2}略小于 P_y，表明钢管管壁较厚时也有可能发生局部屈曲破坏。

③弹塑性失稳值 P_{cr2}远小于轴压屈曲理论值 P_{cr}和弹性失稳临界值 P_{cr1}，弹塑性失稳值仅为弹性失稳临界值的 1/10～1/2，壁厚越大，差别越大。表明在钢顶管中务必考虑管道的初始缺陷和钢材的弹塑性特性，仅按弹性值设计时不安全。

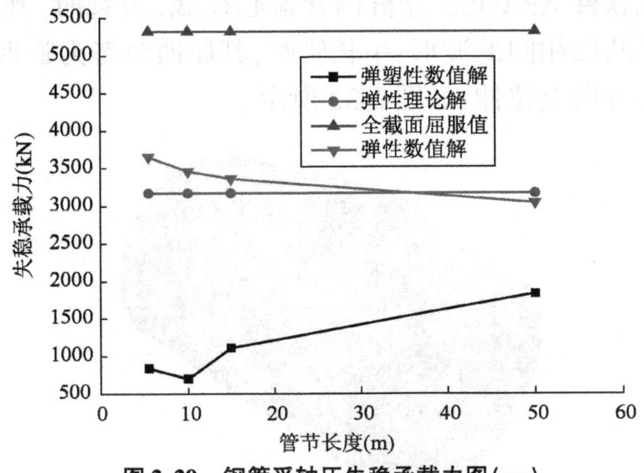

图 2-29　钢管受轴压失稳承载力图(一)

注:管径 3.6m,壁厚 0.020m。

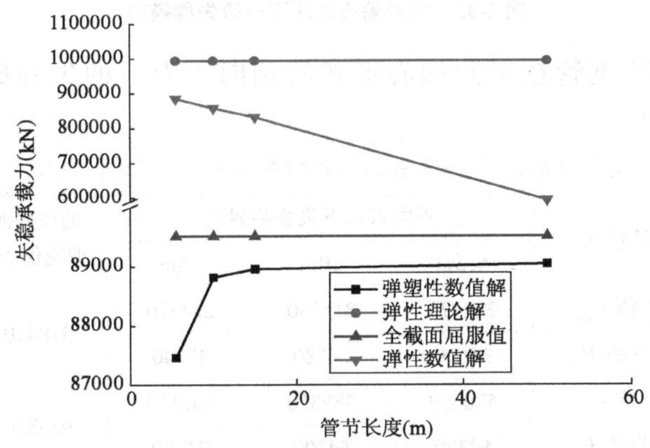

图 2-30　钢管受轴压失稳承载力图(二)

注:管内径 3.6m,壁厚 0.034m。

(2)偏心轴压作用

轴压偏载工况对钢管施加两端简支边界条件,在未约束轴向位移端管壁上直接施加线性分布轴压,并分为全截面偏心三角形荷载(qsj)、半截面均布荷载(bp)、半截面偏心三角形荷载(bsj),如图 2-31 所示。

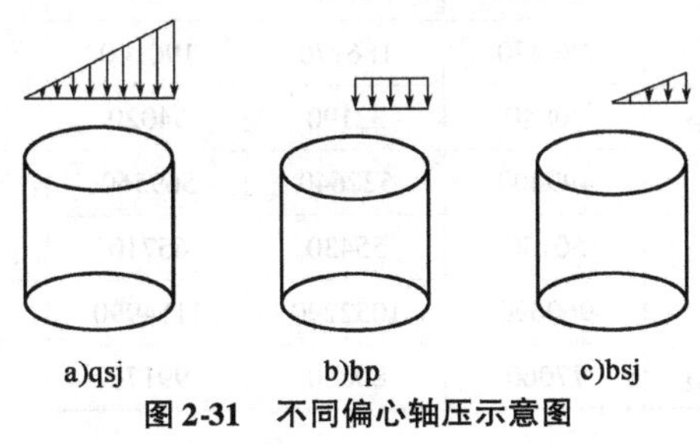

图 2-31　不同偏心轴压示意图

利用有限元软件 ABAQUS 分析钢管偏心荷载，短管时，其屈曲模态为在偏心所在区域呈凸凹相间的波形；中长管时，其屈曲模态为临近受力端管道在环向上为在偏心方向上拉伸，如图 2-32 所示。

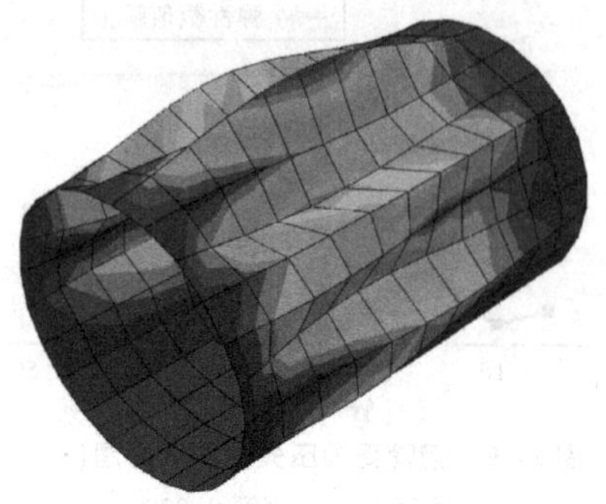

图 2-32　钢管偏心轴压下一阶失稳模态

不同长度的钢管在不同偏心形式的轴向压力下的失稳破坏承载力见表 2-8 ~ 表 2-10。

钢管全截面偏心三角形荷载的失稳承载力(单位:kN)　　表 2-8

壁厚(m)	计算模式	不同管长下失稳临界值			轴压屈曲理论值 P_{cr}	全截面屈服值 P_y
		5.5m	10m	15m		
0.020	弹性值 P_{cr1}	215290	215230	214370	318430	52860
	弹塑性值 P_{cr2}	36600	36280	37040		
0.034	弹性值 P_{cr1}	570650	589810	632110	923830	89510
	弹塑性值 P_{cr2}	59390	64100	73470		
0.048	弹性值 P_{cr1}	1092980	1181880	1225910	1848350	125870
	弹塑性值 P_{cr2}	82730	89500	109540		

钢管半截面均布荷载的失稳承载力(单位:kN)　　表 2-9

壁厚(m)	计算模式	不同管长下失稳临界值			轴压屈曲理论值 P_{cr}	全截面屈服值 P_y
		5.5m	10m	15m		
0.020	弹性值 P_{cr1}	186420	186970	190140	318430	52860
	弹塑性值 P_{cr2}	30840	32190	34020		
0.0340	弹性值 P_{cr1}	499400	522640	569560	923830	89510
	弹塑性值 P_{cr2}	50150	55430	65710		
0.048	弹性值 P_{cr1}	960690	1052290	1114990	1848350	125870
	弹塑性值 P_{cr2}	77060	80050	99170		

钢管半截面偏心三角形荷载的失稳承载力(单位:kN) 表2-10

壁厚(m)	计算模式	不同管长下失稳临界值			轴压屈曲理论值 P_{cr}	全截面屈服值 P_y
		5.5m	10m	15m		
0.020	弹性值 P_{cr1}	155510	161190	168630	318430	52860
	弹塑性值 P_{cr2}	26290	28200	29810		
0.034	弹性值 P_{cr1}	420660	459340	506000	923830	89510
	弹塑性值 P_{cr2}	43610	49260	56510		
0.048	弹性值 P_{cr1}	804730	910220	945540	1848350	125870
	弹塑性值 P_{cr2}	63550	75030	77060		

从表2-8～表2-10中可以看出,在偏心荷载作用下,钢管稳定性计算的弹性失稳临界值 P_{cr1} 和弹塑性失稳值 P_{cr2} 的基本变化规律和在均匀轴压下相同,但都比在均匀轴压下的失稳值小。由于薄壁圆柱壳体在偏心荷载作用下的失稳问题较为复杂,没有相应的理论解析解,将本节数值计算结果与上一节的均匀轴压的计算结果进行对比,来分析偏心对于管道失稳的影响。

由图2-33～图2-35可见,在不同的偏心荷载下,钢管受轴压失稳荷载值有明显不同。三种不同偏心荷载随着偏心程度的增加(荷载的合力作用点和钢管中心的距离增加),其失稳荷载值逐渐减小,即越偏心,越容易失稳。对于全截面偏心轴压,其失稳荷载值大致为均匀受压失稳荷载值的70%～95%;对于半截面均匀轴压,其失稳荷载值大致为均匀受压失稳荷载值的60%～85%;对于半截面偏心轴压,其失稳荷载值大致为均匀受压失稳荷载值的45%～85%。

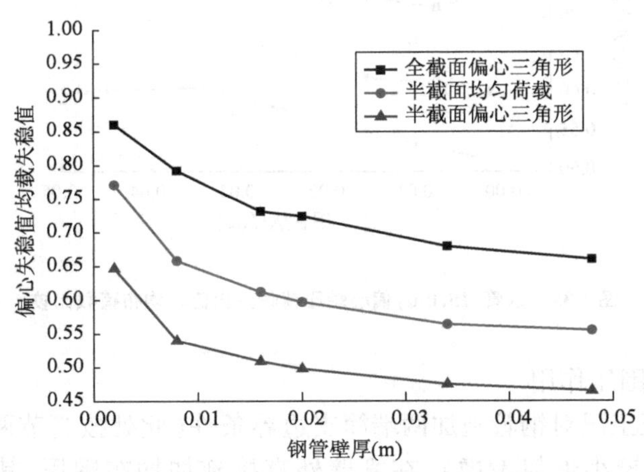

图2-33 钢管(5.5m)偏心轴压荷载失稳值与均布荷载比较

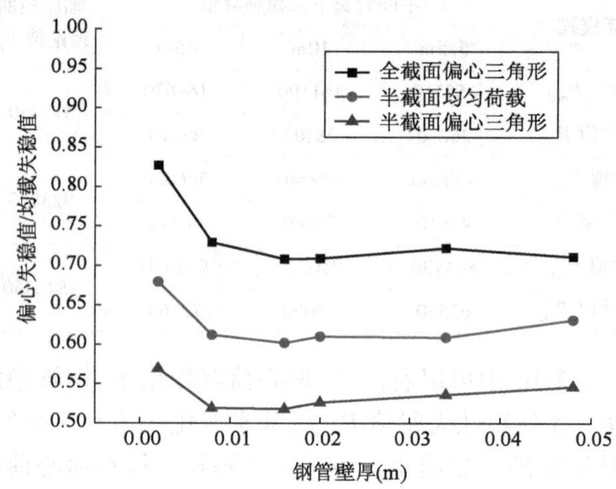

图 2-34　钢管(10.0m)偏心轴压荷载失稳值与均布荷载比较

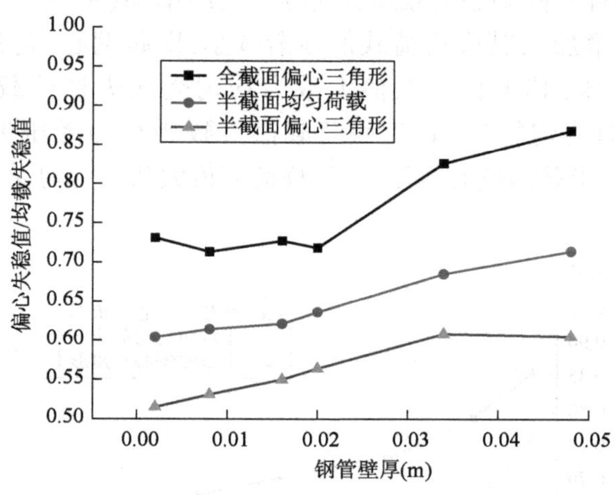

图 2-35　钢管(15.0m)偏心轴压荷载失稳值与均布荷载比较

(3)均匀围压作用

均布围压工况对钢管施加两端简支边界条件(此处按管节两端设置加劲环,端部变形较小近似考虑),在管壁外直接施加均布围压,其屈曲模态如图 2-36所示。

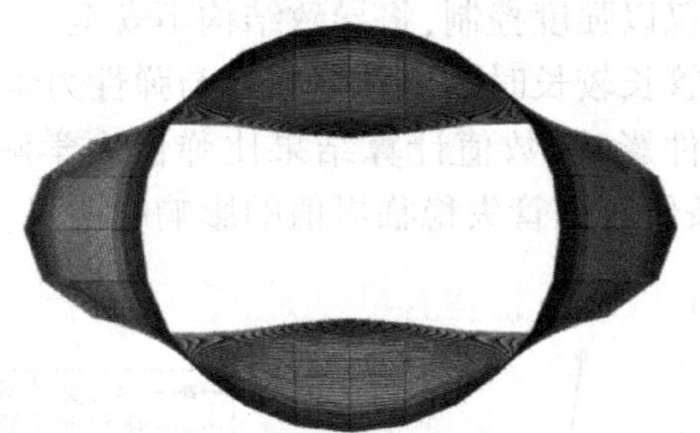

图 2-36　钢管一阶屈曲模态

承受均匀围压钢管的失稳临界值数值计算结果见表 2-11。

钢管均布围压失稳临界值　　表 2-11

<table>
<tr><th rowspan="2">壁厚
(m)</th><th rowspan="2">失稳临界值
类型</th><th colspan="5">不同管长下失稳临界值(kPa)</th><th rowspan="2">围压屈曲
理论值 P_{cr}
(kPa)</th><th rowspan="2">全截面
屈服值 P_y
(kPa)</th></tr>
<tr><th>5.5m</th><th>10m</th><th>15m</th><th>50m</th><th>100m</th></tr>
<tr><td rowspan="2">0.020</td><td>弹性值 P_{cr1}</td><td>1072.4</td><td>564.77</td><td>386.10</td><td>97.57</td><td>79.34</td><td rowspan="2">79.14</td><td rowspan="2">2611.11</td></tr>
<tr><td>弹塑性值 P_{cr2}</td><td>646.66</td><td>429.22</td><td>286.48</td><td>89.47</td><td>73.59</td></tr>
<tr><td rowspan="2">0.034</td><td>弹性值 P_{cr1}</td><td>4152.69</td><td>2332.14</td><td>1373.39</td><td>421.24</td><td>389.94</td><td rowspan="2">388.81</td><td rowspan="2">4438.88</td></tr>
<tr><td>弹塑性值 P_{cr2}</td><td>3097.91</td><td>1884.37</td><td>1113.82</td><td>389.23</td><td>364.57</td></tr>
<tr><td rowspan="2">0.048</td><td>弹性值 p_{cr1}</td><td>9310.17</td><td>4997.98</td><td>3473.11</td><td>1141.74</td><td>1096.64</td><td rowspan="2">1094.02</td><td rowspan="2">6266.67</td></tr>
<tr><td>弹塑性值 p_{cr2}</td><td>7322.11</td><td>4128.33</td><td>3011.19</td><td>1071.00</td><td>1041.66</td></tr>
</table>

表中，P_{cr} 为按弹性理论计算的圆筒围压失稳临界值，$P_{cr}=\frac{E}{4(1-\nu^2)}\left(\frac{t}{r}\right)^3$，$\sigma_{cr}=\frac{\gamma E}{[3(1-\nu_e^2)]^{\frac{1}{2}}}(\frac{t}{R})$，$P_{cr}=\sigma_{cr}A$；$P_y$ 为钢管屈服时的轴向压力 $P_y=\sigma_y t/R$，$P_{cr}=\sigma_y A$，$\sigma_y=235\text{N/mm}^2$；$P_{cr1}$ 为采用 ABAQUS 数值计算结果，是钢管在理想状态下，未引入初始缺陷的弹性特征值计算中的失稳一阶模态特征值；p_{cr2} 为采用 ABAQUS 数值计算结果，是钢管在特征值分析的基础上，假定一阶模态变形的 0.01 倍作为初始缺陷进行理想弹塑性计算的弹塑性失稳值。

围压屈曲理论公式的推导是基于平面状态时的屈曲模态，当受边界条件影响较大，模态不相同时，则理论公式不适用。

由表 2-11 可知，承受均匀围压的钢管失稳临界值总体上随管长增长而减小，随壁厚变厚而增大。在管长≥50m 以后，钢管失稳临界值趋于一定值。

图 2-37 所示为钢管受围压作用失稳承载力图，由图中可以看出，承受均匀围压的钢管失稳临界值远小于其屈服强度值，说明在承受围压荷载时，应以

稳定性控制为主，若仅以强度控制，将导致结构不安全。由于经典弹性力学解采取了平面假定，在管长较长时数值计算结果与弹性力学解基本吻合；而在短管时，由于受边界条件影响，数值计算结果比弹性力学解大很多。相同管径下，管壁越薄，边界条件对钢管失稳临界值的影响越明显。

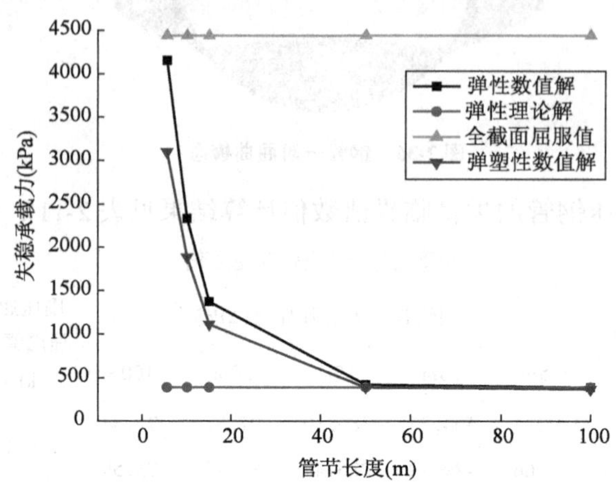

图 2-37　钢管受围压作用失稳承载力图

注：管径 3.6m，壁厚 0.034m。

由图 2-38 可以看出，引入初始缺陷的弹塑性分析对钢管的失稳临界值有较大影响。弹塑性数值解低于弹性数值解，管道越短、管壁越薄，两者的计算结果相差越大。当管长≥50m，弹塑性解与弹性解之比为 0.75 ~ 0.9；而对短管，弹塑性解与弹性解之比为 0.45 ~ 0.75。对短管而言，采用弹塑性分析较为合理。

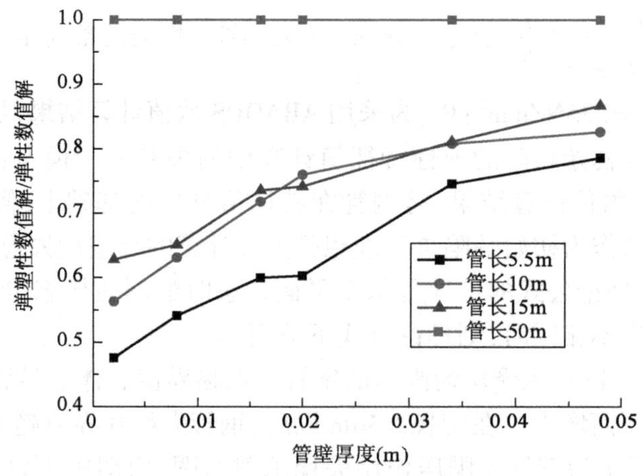

图 2-38　钢管受围压作用的弹塑性解与弹性解关系

需要特别指出的是：承受均匀围压钢管的失稳临界值随管长的增长而迅速减小并趋于定值，在曲线顶管中应引起重视。因为分节钢管在施工结束后将拆除管节两端的加劲板而还原为一根整体管道。根据计算结果，此时承受围压的失稳临界值远小于施工阶段（管节短，管节两端有约束）的失稳临界值，因此设计时应充分考虑整体管道的承受均匀围压时的稳定性问题。

(4)扭矩作用

扭矩工况：对钢管施加一端简支一端径向位移约束边界条件。图2-39所示为钢管受扭的屈曲模态。

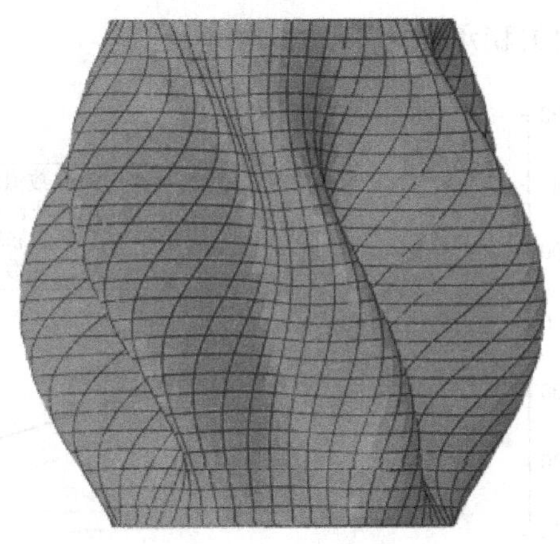

图2-39　扭矩一阶模态形式

承受扭矩作用钢管的失稳临界值数值计算结果见表2-12。

钢管扭矩失稳临界值（剪应力）　　表2-12

壁厚(m)	计算模式	不同管长下的失稳临界值(MPa)			扭矩全截面屈服理论值 τ_y (MPa)
		5.5m	10m	15m	
0.020	弹性值 τ_{cr1}	341.89	254.11	211.95	135.7
	弹塑性值 τ_{cr2}	112.1	110.9	113.5	
0.034	弹性值 τ_{cr1}	662.66	499.71	400.18	135.7
	弹塑性值 τ_{cr2}	126.7	128.5	121.1	
0.048	弹性值 τ_{cr1}	1003.58	743.55	636.71	135.7
	弹塑性值 τ_{cr2}	131.2	131.3	126.8	

表中 τ_{cr} 为按弹性理论计算的圆筒扭矩失稳临界值，$\sigma_{cr}=\frac{\gamma E}{[3(1-\nu_e^2)]^{\frac{1}{2}}}(\frac{t}{R})$，$P_{cr}=\sigma_{cr}A$，$\tau_{cr}=\frac{0.272E}{(1-\nu_e^2)^{-\frac{3}{4}}}\left(\frac{t}{R}\right)^{\frac{3}{2}}$；表中 τ_y 为钢管纯剪应力状态下截面屈服理论值，$\tau_y=\sigma_y/\sqrt{3}=135.7\text{MPa}$，$P_{cr}=\sigma_y A$，$\sigma_y=235\text{N/mm}^2$，$\tau_{cr1}$ 为采用 ABAQUS 数值计算结果，是钢管在理想状态下，未引入初始缺陷的弹性特征值计算中的失稳一阶模态特征值；τ_{cr2} 亦为采用 ABAQUS 数值计算结果，是钢管在特征值分析的基础上，假定一阶模态变形的 0.01 倍作为初始缺陷进行理想弹塑性计算的弹塑性失稳值。

钢管受扭矩作用失稳承载力如图 2-40 所示。

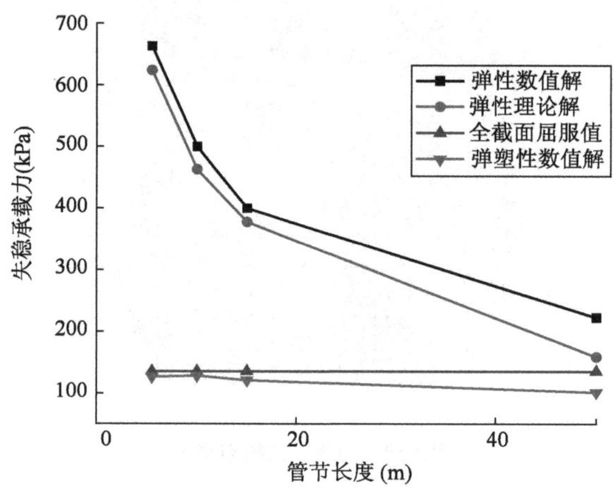

图 2-40 钢管受扭矩作用失稳承载力图

从表 2-12 和图 2-40 中可以看出：

①当钢管管壁较厚时，轴压屈曲理论值 τ_{cr} 和数值计算结果 τ_{cr1} 的弹性失稳临界值均远大于管道全截面屈服值 τ_y，说明在管壁较厚时，不会发生弹性力学意义上的失稳破坏；但考虑一定初始缺陷的弹塑性失稳值 τ_{cr2} 略小于 τ_y，表明钢管管壁较厚时也有可能发生局部屈曲破坏。

②弹塑性失稳值 P_{cr2} 在管道较短时随管节长度的变化较大，而较长时变化不明显。

(5)组合荷载下的数值分析

通过简单荷载下钢管的稳定性分析，对钢管的受力性能有了一个基本的了解。由于组合工况的复杂性，根据实际工程的需要，本节不再对管壁很薄、极易失稳的钢管进行分析，在组合荷载工况分析中，取管径3.6m、壁厚0.034m为钢顶管基准壁厚，采用弹塑性数值分析，研究在不同壁厚条件下钢顶管受力情况的变化。

①轴压＋围压计算工况

均载轴压和均布围压共同作用的组合工况，对钢管施加两端简支边界条件，预先在管身施加270kPa、360kPa等不同值的均匀围压，再施加沿管道轴线方向的均匀轴压，得到结果见表2-13。钢管在围压如轴压作用下失稳承载力如图2-41所示。

钢管在围压和轴压作用下的失稳临界值　　表2-13

管长（m）	轴压失稳临界值（kN）			均匀轴压全截面屈服理论值（kN）
	均匀轴压无围压	均布围压270kPa	均布围压360kPa	
5.5	87460	89230	89710	89510
10	88820	91590	92150	89510
15	88960	91240	91350	89510

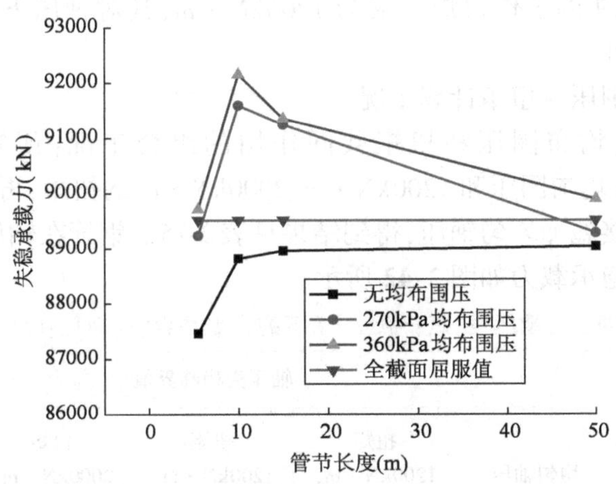

图2-41　钢管在围压和轴压作用下失稳承载力图

由图2-41可知，钢管无围压作用下，其轴压弹塑性失稳值小于钢管的全截面屈服值，表明钢管可能发生先于屈服破坏的失稳破坏。当钢管施加均匀围压后，其轴压弹塑性失稳值有所提高，说明一定的围压作用对钢管的轴向稳定性起有利作用。管节越短，有利作用越明显。

②－轴压＋扭矩计算工况

均载轴压和扭矩共同作用的组合工况，对钢管施加一端简支一端径向位移约束边界条件，预先在径向位移约束端轴心处建立参考点，与管口节点建立随动耦合，在参考点施加1200kN·m、1600kN·m、2000kN·m扭矩，再在径向位移约束端管壁上直接施加均匀轴压，得到结果见表2-14。

钢管在扭矩和轴压作用下的失稳临界值(单位:kN)　表2-14

管长(m)	轴压失稳临界值			
	均匀轴压无扭矩	扭矩 1200kN·m	扭矩 1600kN·m	扭矩 2000kN·m
5.5	87460	87280	87310	87310
10	88820	88840	88830	88840
15	88960	88940	88940	88930
50	89040	88910	87990	88980

由表2-14可知，对于管节长度<50m的钢管，与无扭矩作用结果比较，钢管的轴压弹塑性失稳值相差不大，仅有很微小降低。对于管径3.6m的钢顶管，其顶管机机头的工作扭矩一般为1200kN·m，其对轴压下钢管的稳定性影响可忽略不计。

③轴压＋围压＋扭矩计算工况

均载轴压、均布围压和扭矩共同作用的组合工况：预先在管身施加270kPa、360kPa均匀围压和1200kN·m、2000kN·m的扭矩，再在径向位移约束端管壁上直接施加均匀轴压，得到结果见表2-15。钢管在轴压、围压和扭矩共同作用下失稳承载力如图2-42所示。

钢管在围压、扭矩、轴压作用下的失稳临界值(单位:kN)　表2-15

管长(m)	轴压失稳临界值				
	均匀轴压	扭矩 1200kN·m, 围压270kPa	扭矩 1200kN·m, 围压360kPa	扭矩 2000kN·m, 围压270kPa	扭矩 2000kN·m, 围压360kPa
5.5	87460	89190	89630	89170	89650
10	88820	90910	91470	90920	91430
15	88960	90760	91080	89180	91080
50	89040	91060	91170	88940	91040

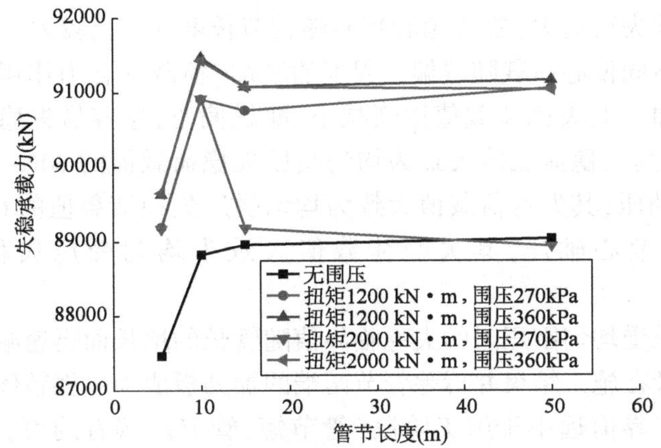

图 2-42　钢管在轴压、围压、扭矩作用下失稳承载力图

由图可知，当钢管施加均匀围压和扭矩后，其轴压弹塑性失稳值有所提高，说明一定的围压的有利作用比扭矩的不利作用明显，在实际顶管中，可不考虑围压的有利作用和扭矩的不利作用。

(6)计算结果分析

为探索钢顶管曲线顶进过程中的受力性能，采用 ABAQUS 软件进行了数值模拟分析。共计算了轴压均载、轴压偏载、均布围压、扭矩、轴压均载 + 围压、轴压均载 + 扭矩、轴压均载 + 围压 + 扭矩等钢顶管顶进过程中的主要工况。本次计算以平均管道直径 3.6m 作为数值分析的基础直径，以弹性计算为基础，在数值计算结果与已有经典弹性理论解析解基本吻合、有较高可信度的前提下，进行了弹塑性计算。在弹塑性计算中，为便于分析和理解，暂假定钢管材料为理想弹塑性材料，并引入钢管在均匀轴压下的弹性特征值结果一阶模态变形的 0.01 倍作为初始缺陷值。同时。为便于分析比较，每种主要工况中都分别考虑了钢顶管在不同管长及不同壁厚组合条件下的轴压极限承载力，总共试算了上千种工况。经对所得计算结果的整理分析，有如下主要结论：

①当钢管管壁较小时，易发生失稳破坏，各失稳临界值均远小于管道全截面屈服值；当钢管管壁较厚时，如按常规顶管设计时壁厚取 0.01D 时，轴压屈曲理论值 P_{cr} 和数值计算结果 P_{cr1} 的弹性失稳临界值均远大于管道全截面屈服值 P_y，不会发生弹性力学意义上的失稳破坏。

②弹塑性失稳值 P_{cr2} 远小于轴压屈曲理论值 P_{cr} 和弹性失稳临界值 P_{cr1}，弹塑性失稳值仅为弹性失稳临界值的 1/10 ~ 1/2，壁厚越大，差别越大。故在曲线钢顶管中务必考虑管道的初始缺陷和钢材的弹塑性特性，仅按弹性值设

计时不安全。

③弹塑性失稳值 P_{cr2} 在管道较短时随管节长度的变化较大。

④三种不同偏心荷载随着偏心程度的增加(荷载的合力作用点和钢管中心的距离增加),其失稳荷载值逐渐减小,即越偏心,越容易失稳。对于全截面偏心轴压,其失稳荷载值大致为均匀受压失稳荷载值的 70% ~95%;对于半截面均匀轴压,其失稳荷载值大致为均匀受压失稳荷载值的 60% ~85%;对于半截面偏心轴压,其失稳荷载值大致为均匀受压失稳荷载值的 45% ~85%。

⑤钢管承受均匀围压时的失稳临界值随管长的增长而迅速减小并趋于定值。分节钢管在施工结束并拆除管节两端的加劲板成为一根整体管道时承受围压的失稳临界值远小于施工阶段(管节短,管节两端有约束)的失稳临界值,设计中应考虑使用阶段的受围压的稳定性问题。

⑥当钢管施加较小的均匀围压后,其沿轴向的弹塑性失稳值有所提高,说明围压作用对钢管的轴向稳定性起一定的有利作用。

⑦与无扭矩作用结果比较,钢管的轴压弹塑性失稳值相差不大,仅有很微小降低,常规顶管机头的工作扭矩对其在轴压下钢管的稳定性影响可忽略不计。

⑧在实际顶管设计中,为方便起见,可不考虑围压的有利作用和扭矩的不利作用。

6)分节钢管管节结构形式研究

焊接钢顶管的主要接口形式有两种,即单边 V 形坡口和 K 形坡口,如图 2-43所示。常规顶管顶进时,管节的接口在工作井内焊接为刚性节点,普遍用于直线钢顶管。但是,这类接口无法应用于曲线钢顶管,因为在形成曲线转角时,钢管接口间的应力集中,产生管材的局部强度破坏。

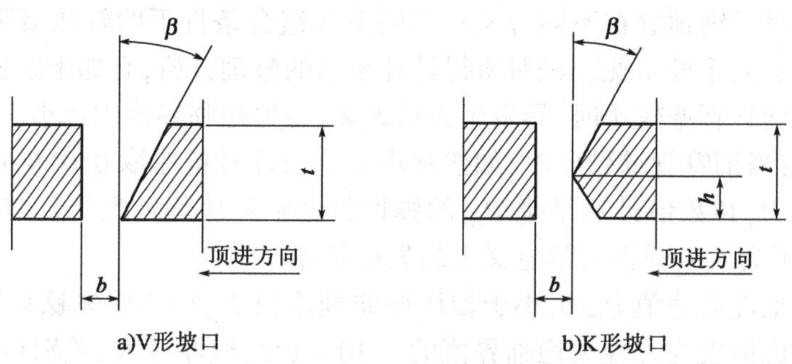

图 2-43　钢顶管常见接口形式

由于分节钢顶管在曲线顶进过程中管节间呈一定的夹角，由此导致的不均匀接触会在接口处产生较大的应力集中。若在钢管节间加入柔性木衬垫，则会使受力均匀很多，如图 2-44 所示。

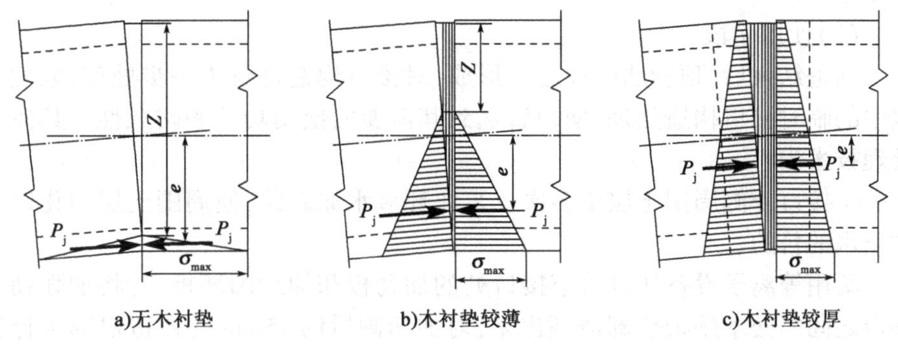

图 2-44 分节钢管管节受力图式

7）管节接口构造处理

分节钢管的管节接口需要保证施工阶段、使用阶段接口抗渗、强度等要求，应对管道接口采取针对性设计，施工阶段、使用阶段的接头应采取不同的措施。图 2-45 所示的接头构造可满足曲线钢顶管在施工及使用阶段的要求。

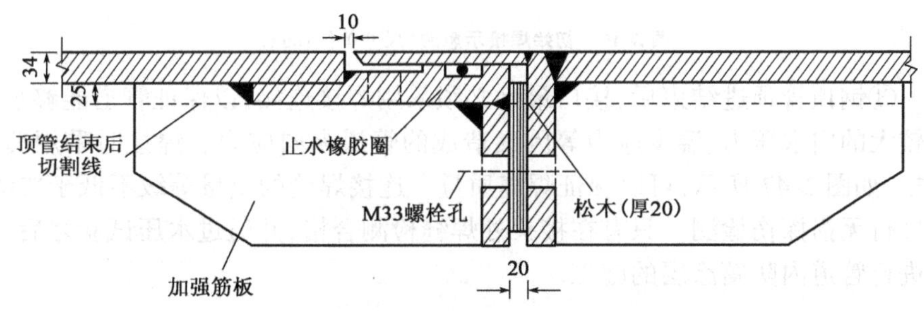

图 2-45 分节钢管节接头构造示意图（尺寸单位：mm）

（1）施工阶段

①在钢管管节接头的两端均设置加劲板，以提高接头处的环向刚度，控制接头处的变形。

②在管节接头两端分别设置沿整个管道一周的加劲圆环，在两个圆环间设置 20mm 厚的临时木垫片，以避免钢管在不均匀压力下的强度破坏。

③管节接头在顶管施工过程中应确保不渗漏，采用天然橡胶圈作为临时

的止水密封装置,橡胶圈压缩变形量应满足临时止水的要求。

④管端处预留螺栓孔,当钢管节进入曲线段时,保持接口的柔性,并配合螺栓固定形成预定的张开角,螺栓的固定对张开缝隙量起到一定的控制和限制作用。

(2)使用阶段

顶进结束后,顶管曲线段已经形成,对接口构造进行进一步处理,取代顶进中的临时接口构造处理,使顶管达到其需要的使用功效和耐久性。具体的处理技术为:

①接口外侧周围土层中多次反复注环氧水泥砂浆,使周围土层固化以达到止水的目的。

②用等离子设备切割管节接口处的加劲板和加劲圆环板,并将加强劲圆环板之间的松木垫板全部清理出来,对加切割后约15mm的残留根部进行碳刨、打磨,为整环覆板焊接做准备。经过切除筋板、环板之后的结构如图2-46所示。

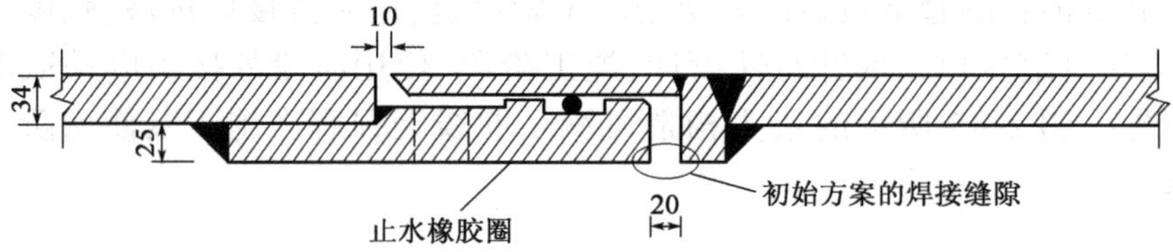

图2-46 初始焊接示意图(尺寸单位:mm)

③钢顶管顶进结束后,接口最终必须采用焊接连接,以保证管道能够承受因较大的内水压力、温度应力等因素造成的管道纵向应力。焊接时采用覆板焊接,如图2-47所示,可以保证焊缝质量。连接焊缝的质量等级不低于二级,应进行无损探伤检测。只有在接头处焊缝检测合格,并通过水压试验之后,才能进行管道内防腐涂层的施工。

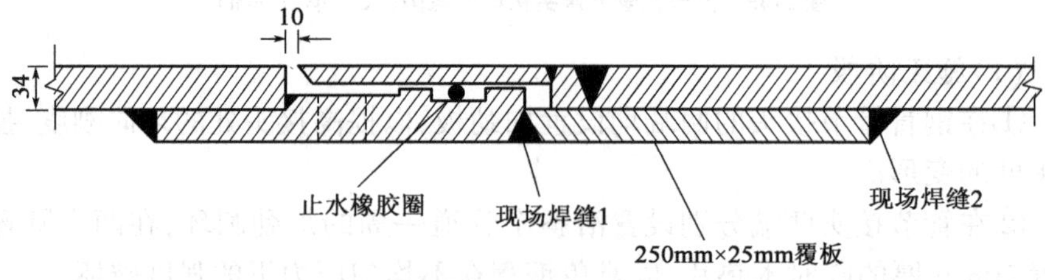

图2-47 覆板型焊接焊缝示意图(尺寸单位:mm)

④安装钢筋网片,施工内防腐砂浆。如图2-48所示,在整个曲线段,建立防腐喷层,采用水泥砂浆衬里,接口处内衬厚度为20mm,其余为45mm。其中,超过20mm的内衬处,应采取防止水流冲刷剥落的措施,在粉刷层表面设置钢筋网片6@200mm(双向),如图2-49所示。

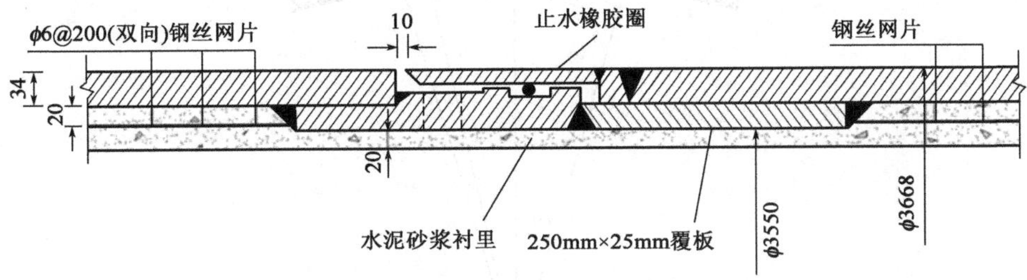

图2-48 内防腐衬里施工示意图(尺寸单位:mm)

图2-49 内防腐照片

8)分节钢管曲线线路布置

钢顶管采用曲线顶进技术主要是为了避让障碍物,因此曲线钢顶管的线路主要应根据管道沿线的周边环境情况来确定,同时不得对后续运营阶段有水力学上的不利影响。曲线顶管实际为多边形所组成的近似曲线,每一管段长度即为多边形的一条边。曲线线路和管道直径大小、管段长度、木垫片等因素有关,线路的最小曲率半径和管道直径大小、管段长度、木垫片厚度间的几何关系如图2-50所示。可以看出多边形的边、角、半径的关系为:

$$\alpha = L/R \tag{2-22}$$

式中:α——中心角(rad),管段间的转角与管段对应的中心角相等。

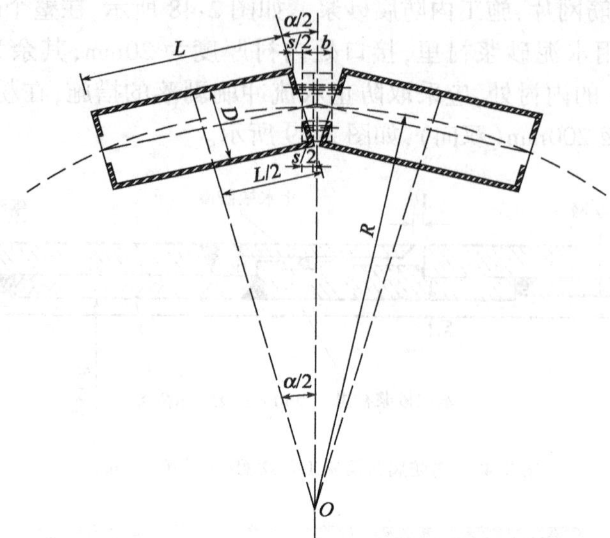

图 2-50 管径、曲率半径关系示意图

曲线的最小弯曲半径可按下式计算：

$$R=\frac{LD}{\frac{b}{2}+1.5s} \tag{2-23}$$

式中：R——曲率半径（多边形外接圆半径）(m)；

L——管段的长度(m)；

D——管道直径(m)；

b——木垫片厚度(m)；

s——木垫片压缩量(m)。

根据上述公式，可得出曲率半径、管段间的一个初步关系。例如，管径3600mm，管节长度5.5m，木垫片厚度20mm，假定木垫片压缩量为30%，可以得出$R=5.5\times3.6/(0.02/2+1.5\times0.02\times30\%)=1042\text{m}$，即管道轴线的最小曲率半径为1042m；若木垫片厚度25mm，可得$R=833.7\text{m}$。显然，木垫片厚度对调整曲线曲率有较大的影响。

一般而言，曲线顶管线路的曲率半径可根据避让障碍物的情况先行初步确定，根据公式可初步估算出钢管的管节长度。钢管管节长度除了应与轴线曲率相适应外，管节长度还要与钢板的常用规格相匹配且满足曲线顶进工况下的强度和稳定要求。分节钢管在曲线顶进状态下受力的性能还没有成熟的计算公式可参考，可采用数值模拟方法计算。数值计算时不能只做弹性计算，而应采用弹塑性分析且要考虑管道缺陷的影响。

2.3 钢顶管质量控制措施

目前对钢顶管的研究多为顶管施工技术,对管道工程自身的质量控制研究较少。如《顶管规程》偏重顶管施工质量控制,对顶管部分的质量要求不够详尽。本节结合近几年在钢顶管工程中出现的一些问题进行相关总结,供同仁参考。

2.3.1 钢管质量控制

1)材质控制

目前钢顶管的材质一般采用 Q235B 钢,顶管钢板的规格和性能应符合国家现行标准的规定。实际工程中,容易遗漏对钢板的检测,一般要求卷管厂提供管板的质保书即可。但是由于钢板质量往往良莠不齐,容易影响管道质量,如有些钢板的厚度公差大于钢管的壁厚公差,不可能满足钢管壁厚公差的要求。对于重要的管线或大规模顶管施工,钢板采购量较大,应对钢板进行抽检。

(1)钢板厚度与要求的管壁厚度的偏差不得超过国家标准规定的允许范围。

(2)所有钢板均应进行抽样检验,每炉批号钢板抽样数量应根据国家相关标准确定。

(3)钢板抽样检验项目应包括表面检查、化学成分、力学性能。

2)加工控制

对管道制作的几何尺寸偏差,各规范存在一定差异。如《顶管规程》对椭圆度偏差控制较松,而对周长偏差控制较严,管端部位偏差为 $0.005D$(D 为钢顶管公称直径),以 DN3600 钢管计,偏差可达 18mm,易影响管道现场拼焊的错边量控制,而《工业金属管道工程施工规范》(GB 50235—2010)中对椭圆度偏差要求严格,大于 DN3600 钢管为 10mm。参照该规范控制,不易造成错边过大。端面垂直度、弧度偏差控制指标都是必要的,顶管施工时,应严格执行。

3)运输及堆放控制

在实际工程中往往容易忽视对管道的保护,相关规范也没有明确的规定。尤其是大直径顶管工程,在管道运输时,往往不装支架,施工现场随意堆放,而钢管为薄壁弹性管,在重力作用下,易造成管道变形较大。管道外防腐层在管道运输和吊装环节,也容易受到损坏,出厂时,涂层质量已达到标准,但现场接收环节一般不再仔细检验,管道涂层破坏得不到修补。

2.3.2 焊接质量控制

《顶管规程》对管道的焊接规定较少,《工业金属管道工程施工规范》(GB 50235—2010)、《现场设备、工业管道焊接工程施工及验收规范》(GB 50683—2011)对焊缝等级和无损检验规定也比较模糊,造成执行时的困难。本节依托上述标准,并结合工程实践,提出以下焊缝控制标准。

1)焊缝质量等级

由于顶管覆土较深,检修比较困难,且使用寿命要求较长,应对顶管的焊接质量从严控制,焊缝质量不低于2级焊缝控制。

2)无损检验方法选择

对于焊缝内部缺陷检验,目前一般采用X射线检验和超声波检验,两种方法特点如下:

(1)X射线检验的特点是穿透性,超声波检验是依靠反射波,前者对体积型缺陷比较灵敏,后者对平面型缺陷比较灵敏。焊缝缺陷按危害性排列,第一为裂纹,第二为未融合型缺陷,第三为未焊透型缺陷,第四是夹沙或气孔。裂纹和未融合是平面型,采用超声波检验较好。

(2)X射线检验需在焊缝冷却至常温时才能进行。常温下拍1张片的时间为20min左右,以DN3600钢管为例,周长为11.3m,而每张片长只有36cm,按20%的抽检率,需要8张片,拍片的净时间约160min。且施工顺序是先探伤,再做现场防腐层补口。超声波检验可以在防腐层涂敷之后进行,且检验所需时间较短。因此,为避免顶进工序停止时间太长,发生"抱管"事故,超声波检验更加适合于现场焊缝检验。

(3)超声波检验对人体影响较小,X射线对人体损伤较大,拍片时,工作人员需撤离现场。因此,现场操作超声波检验更为方便。

(4)超声波检验的记录功能不如X射线检验,判定结果容易受操作人员个人经验影响,但现在也发展了带存储功能的检验设备。

综合考虑,工厂制作的焊缝由于工人比较熟练,且工作条件较好,焊缝质量比较稳定,如果工厂具有在线超声探伤设备,建议对工厂内无损检验以超声波探伤为主,X射线检验探伤为辅。现场焊缝探伤,主要除检验效果外,还需考虑操作的便利、检验安全、探伤时间,应综合管道的使用寿命及穿越的区域重要程度确定焊缝等级,抽检率。如某大型输水工程全线顶管,焊缝按2级标准控制,工厂内焊缝超声探伤抽检量为100%,则X射线抽检不少于焊缝长度的20%;现场采用超声波探伤,以焊缝总长的20%进行抽检,穿越重要区域抽检率为100%。超声波检测不能对焊缝缺陷作出判断时,可采用X射线检测补探。

2.3.3　外防腐层质量控制

1）防腐层种类选择

（1）外防腐层性能要求

鉴于顶管外防腐层修补困难，为此对外防腐层选择的要求高，应具备下列性能：

①有较高的电绝缘性能，一般不应小于 $10000\Omega \cdot m^2$；

②有优良的耐磨性能；

③有较强的机械强度；

④有一定的抗冲击强度；

⑤有良好的防水性；

⑥对钢铁表面有良好的黏结性；

⑦有较好的耐化学性和抗老化性；

⑧有良好的抗阴极剥离性能；

⑨防腐层的材料和施工工艺对母材的性能不应产生不利的影响。

（2）防腐层种类

根据上述顶管外防腐层性能要求，可供选择的外防腐层有下列几种：

①熔结环氧粉末防腐层

熔结环氧粉末外防腐层具有优良的防腐性能，较高的电绝缘性能，良好的耐磨性，有较强的机械强度及与钢铁表面良好的黏结性等，防腐层一般在工厂机械化涂装，大大提高了防腐层质量，并加快了现场施工进度，因为涂料不加溶剂，无污染。近年来，随着原材料，施工成本的降低，该防腐层有较多采用，特别是一些重要工程的外防腐层均有采用，如杭州湾大桥、上海—崇明长江大桥的钢管桩外防腐层、上海长江原水三期引水工程、上海青草沙原水工程陆域管线工程等均采用熔结环氧粉末外防腐层。其主要不足是施工需要机械化涂装设备，如青草沙工程 DN3600 大直径钢管配置了专门涂装设备，其次是投入工程费用较高。

a. 熔结环氧粉末涂层质量控制

熔结环氧粉末涂层施工控制主要根据《熔融结合环氧粉末涂料的防腐蚀涂装》（GB/T 18593—2010）。输水管道属于第 1 类涂层，考虑到顶管的影响，涂层级别可按加强级设计，厚度为 400μm。绝缘检查采用电火花检漏仪用 5V/μm 电压检查涂层针孔，表面无漏点数为合格。

b. 熔结环氧粉末涂层现场补口涂层材料要求

熔结环氧粉末涂层现场环缝拼焊区域的修补采用能与原涂层紧密结合的双组分高分子复合涂料或双组分环氧树脂涂料。补口区厚度为原涂层的 1.5

倍,即600μm,与原涂层搭接的长度不小于100mm。表干时间(常温)≤0.5h;实干时间(常温)≤1.5h。涂料应进行性能评定,涂装后30min其附着力、黏结强度、耐磨性指标达到完全固化时的70%以上。无溶剂液体环氧涂层的性能指标见表2-16。

无溶剂液体环氧涂层的性能指标　　表2-16

序号	测试项目	单位	技术性能指标	执行标准
1	外观	—	平整、色泽均匀、无气泡	目测
2	抗1.5J冲击性(-30℃)	—	无裂纹	《钢质管道熔结环氧粉末外涂层技术规范》(SY/T 0315—2013)
3	耐磨性(落砂法)	L/μm	≥3	同2
	耐磨性(Cs10砂轮,1kg,1000r)	mg	≤40	《色漆和清漆 耐磨性的测定 旋转橡胶砂轮法》(GB/T 1768—2006)
4	附着力(撬剥法,95℃,48h)	级	1~2	同2
5	黏结强度(5个样品的平均值)	MPa	≥35	《胶粘剂对接接头拉伸强度的测定》(GB/T 6329—1996)
6	阴极剥离(65℃,1.5V,48h)	mm	≤6.5	同2
7	电气强度	MV/m	≥30	《绝缘材料电气强度试验方法 第1部分:工频下试验》(GB/T 1408.1—2016)
8	体积电阻率	Ω·m	$\geq 1\times10^{13}$	《固体绝缘材料 介电和电阻特性 第2部分:电阻特性(DC方法)体积电阻和体积电阻率》(GB/T 1838.2—2019)
9	蒸馏水增重率(60℃,浸泡15天)	%	≤3	《塑料吸水率的试验方法》(ASTM D 570—98)

表中黏结强度≥35MPa小于粉末涂层要求的黏结强度60MPa。但目前液体涂料发展的黏结强度在35~50MPa之间,因此确定为≥35MPa。根据实验结果,35MPa黏结强度的液体涂层能达到附着力一级的要求。附着力是涂层防腐性能的关键指标,与涂层寿命直接有关。为补充液体涂料黏结强度的不足,把95℃浸泡时间由24h延长至48h,保证涂层的防腐性能。

c.熔结环氧粉末涂层现场补口涂层检验要求

补口区域进行机械打磨除锈,表面处理应达到《涂覆涂料前钢材表面处理 表面清洁度的目视评定 第1部分:未涂覆过的钢材表面和全面清除原有涂层后的钢材表面的锈蚀等级和处理等级》(GB/T 8923.1—2011)要求。

②环氧玻璃鳞片涂层

环氧玻璃鳞片外防腐层的各种防腐性能好,施工简便,可在现场进行,综合费用适中,目前是国内、外广泛使用的防腐涂层,但在钢管连接处补口的防腐层固化时间长。如宝钢电厂4号发电机组DN3500自流进水管的钢顶管、埋管工程;上海浦江电厂DN3000自流进水管的钢顶管、埋管工程;上海杨树浦水厂DN1600过江钢顶管工程以及东(莞)—深(圳)引水工程DN2200钢顶管埋管工程、汕头第二条过海水管工程等均采用环氧玻璃鳞片涂层。

2)涂装施工

按产品说明书上的使用说明进行涂装施工,涂装时可用手工刷涂或用高压无气喷涂,涂装基材的温度不高于70℃。用哪一种方法由现场条件决定。

若在施工现场温度较低,且湿度较大,可采用适当加热方式将补口区域的湿气去除,确保涂层有较强的黏结强度可达到施工时的机械性能要求。

3)现场涂层质量检测

(1)表观:每个补口目测,无明显流挂。

(2)厚度:涂层厚度采用涂层厚度仪测量。用涂层测厚仪在焊口两侧补口区上、下、左、右位置共8点进行厚度测量。最小涂层厚度不小于600μm为合格。

(3)漏点:参照《管道防腐层检漏试验方法》(SY/T 0063—1999),每个补口检测电压5V/μm,无漏点。

(4)现场附着力:补口施工后45min内进行常温附着力测试。采用锋利刀刃垂直划透防腐层,形成边长约为40mm,夹角约30°的V形切口,用刀尖从切割线交叉点挑剥切口内的防腐层。要求各条刻线必须划透涂层。然后,把刀尖插入平行四边形各内角的涂层下,施加水平推力。如果涂层成片状剥离,应调整喷涂参数,直至成碎末状剥离为止。检验区应进行涂层修补。

2.3.4　注浆孔设置及封堵

1)注浆孔设置

长距离顶管一般采用触变泥浆来降低管道与土体摩擦系数的大小。通过将触变泥浆注入顶进管道与周边土层之间的环状空间中,形成浆套,减少摩擦阻力。注浆孔的形式和布置间距一般由施工单位根据经验确定,一般沿管道长度5~15m设置一个注浆断面,每个注浆断面沿管道周长布置3~6个注浆孔,注浆孔大小一般为25~50mm不等。目前国内相关的规范标准对注浆孔的构造形式、闭合要求及检验标准没有相应规定。施工单位一般在顶进完成和浆液置换后,将注浆孔直接焊实,这种做法容易破坏管道外侧防腐层,为管道以后的长期运行留下隐患。

2)封堵形式及质量检验

顶进完成和浆液置换以后,旋下注浆管,并在注浆孔内注以厚浆型的环氧树脂,通过旋入已加工好的螺栓管堵,将树脂挤出管外,形成一定的外部密封,管堵与管节之间也被环氧树脂镶嵌,达到密封防腐效果。注浆孔的封堵方案如图 2-51 所示。

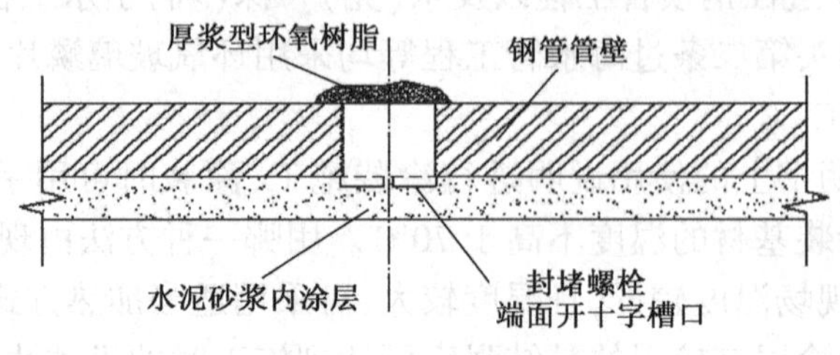

图 2-51　注浆孔封堵方案

以上的封堵方案可减少因注浆孔封堵而造成的管道外防腐层的破坏,提高管道的使用寿命。为确保管道的密封效果,应对注浆孔的封堵效果进行试验,工程中按管道的试验压力进行逐个试压,持续时间大于 5min。

2.4 本章小结

本章针对钢顶管结构设计、质量控制施工进行了如下创新:

(1)通过大量的数值分析和工程案例研究,对大直径钢顶管壁厚计算进行了深入研究,分析了控制大直径钢顶管壁厚的主要因素,提出了规范修正的建议。

(2)针对复杂底层,建立了考虑管土相互作用效应的钢顶管轴压稳定性分析模型,阐明了管土相互作用效应在钢顶管轴压稳定性分析中的影响,总结了钢顶管轴压临界屈曲荷载在不同钢顶管几何参数和不同弹性地基参数下的变化规律,揭示了实际顶管工程变形失稳的机理。

(3)建立了不同加筋形式的钢顶管稳定性分析模型,基于有限条法(FSM)总结了不同截面形式和布置形式的纵向加筋肋对钢顶管轴压稳定性的影响规律,基于有限元法(FEM)总结了环向加筋肋和正交加筋肋在不同钢顶管几何参数条件下对钢顶管轴压稳定性的影响规律,首次提出了针对实际工程中施工阶段钢顶管变形失稳的防治措施和加固建议。

(4)通过对钢顶管、混凝土顶管在受力性能方面的比较,参照混凝土曲线顶管的原理,提出了分节钢管的曲线顶进技术。采用数值计算对分节钢管在曲线顶进时的各种受力状况进行了计算分析,并对分节钢管管节结构形式进行了研究,最后提出了分节钢管曲线线路的布置方式。

(5)针对钢顶管工程质量检测和验收标准不完整、施工现场质量不易控制的问题,结合钢顶管工程的技术特征及环境地质条件,总结了钢顶管管材、焊接要点及质量控制措施,开发了新型中继间闭合技术,建立了新型熔结环氧粉末防腐涂层的检验方法并提出注浆孔封堵措施,有效地解决了钢顶管工程薄弱环节的安全性和耐久性问题。

第3章 钢顶管施工新技术

随着城市化发展对输水需求的不断增大,顶管法朝着顶管直径大、距离长、埋深深、曲线半径小的趋势不断发展,随之带来大量设计和施工的难题,如长距离钢顶管注浆减阻新工艺、长距离钢顶管测量与管道内设备材料运输、富水地层中顶进及接收井无施工条件等。由于这些问题的存在导致建设者们必须突破现有的施工方法,并在技术上进行创新。

3.1 高浓度膨润土泥浆减阻施工技术

3.1.1 高浓度膨润土泥浆及性能

目前,钢顶管施工阶段常规的减阻措施主要是向管周超挖空隙注入减摩泥浆进行减阻。其中,最广泛应用的注浆减摩材料是膨润土泥浆。传统的膨润土泥浆通常是由膨润土、纯碱、水以及聚合高分子添加剂按一定比例混合而成的,膨润土的含量在5%左右。传统的膨润土泥浆加水搅拌后会形成悬浊液,当悬浊液静止时,会变成胶凝体。当浆液被搅拌、振动或泵送时,会转变成具有较强流动性的胶状液体。

由于传统的膨润土泥浆流动性好,因此可以利用较长的管道系统输送。但也正由于其高流动性,将其注入管壁外地层后,消散速度快。因此,顶管工程中必须注意后续补浆;同时推进不易暂停过长,一旦停滞时间过长,管壁外形成的泥浆套易消散,导致重新启动时顶力过大。

在一定范围内,膨润土含量越高,泥浆的流动性越差,但失水性越小。而泥浆失水正是其失去润滑减摩效用的主要原因之一。因此,我们可以通过提高膨润土在泥浆中的比例,配制出一种高浓度膨润土泥浆(俗称“厚浆”),并成功地运用到实际的工程之中。

高浓度膨润土泥浆的主要成分为:水、膨润土以及聚丙烯酰胺,其质量比例为 1∶1.07∶0.0001。该泥浆通过砂浆搅拌机充分搅拌，坍落度控制在100～130mm，呈现低流动性的膏状，同时具有较高的润滑性。为了改善泥浆的性能，泥浆中还掺入少量聚丙烯酰胺。聚丙烯酰胺是一种高分子聚合物，能够减少液体之间的摩擦阻力，同时由于聚合物的高分子长链结构能够和膨润土颗粒结合，形成一张网状结构充填在膨润土颗粒之间，使得浆液更具有絮凝性。当高浓度膨润土泥浆与遗留的超挖土体颗粒结合起来时，能够更好地堵塞大颗粒之间的空隙，使得膨润土浆液具有良好的填补和支撑顶管机机头超挖区域的作用。

3.1.2　高浓度膨润土泥浆在大直径管道中的应用

传统的注浆减摩工艺是由日本传入我国的，注浆孔布置如图 3-1 所示，平均分散在管道内壁的四个方向。对于早期的顶管管道而言，由于管道直径比较小，所以这种注浆方式能够有效地在管道外壁形成良好的泥浆套，达到很好的减摩效果。随着现代工程中管道直径不断扩大，传统的注浆减摩工艺中的泥浆已不能满足使用要求。对于大直径的管道而言，这种传统的注浆方式，泥浆很难达到管道顶部，即图 3-1 中的 A 区域；同时，由于重力作用，在管道顶部和中上部的泥浆很难停留，会顺着管道外壁往下流，最终大部分的浆液会聚积在管道底部 B 区域，形成“积浆”。这样由于管道上部 A 区缺少泥浆，会导致管道外壁与土层直接挤压接触，极易引发顶管机机头上方“背土”现象发生，直接导致上方土层损失严重，引发地表沉降；同时由于管道上方无法有效形成良好的泥浆套，导致顶力过大。

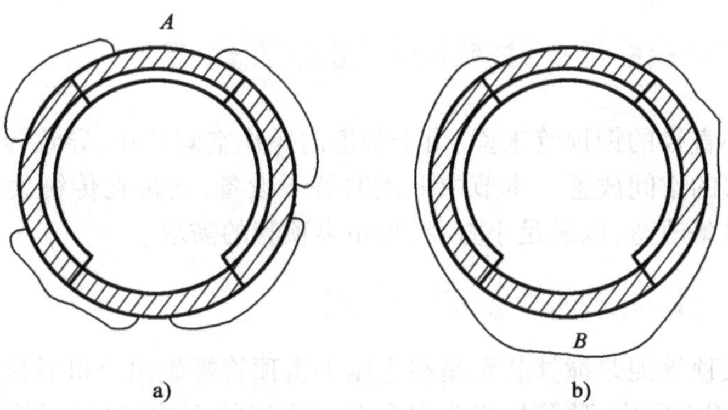

图 3-1　大直径管道中传统膨润土泥浆的聚积效应

针对传统注浆方式中的泥浆在大直径管道中的使用缺陷，研制了高浓度膨润土泥浆可以有效地解决大直径顶管施工问题。具体方法是在管道顶部增设高浓度膨润土注浆孔。由于高浓度浆液流动性差，所以浆液可以有效地滞留在管道顶部，同时该浆液可以和下部的传统泥浆相结合，配合管道下方注射的传统泥浆，能够在大直径管道外壁周围形成良好的泥浆套，防止管道顶部“背土”、底部“积浆”的现象发生。

3.1.3 高浓度泥浆在复顶过程以及在下坡顶进的应用

顶管工程在顶进过程中很难做到连续顶进，中途可能因各种突发情况而暂停，如管道内部渗水，洞口渗漏，管道测量，机头故障等。而管道暂停之后，重新启动复顶时，往往会发现主顶液压缸的顶力过大。而主顶力过大，往往会导致液压缸温度过高而使其出现故障；甚至出现液压缸主顶力高于设计顶力的现象。造成该问题的主要原因，是传统泥浆失水性大，在暂停顶进后，失去运动作用，泥浆消散到了周围的地层中。

通过实际工程经验发现，高浓度膨润土泥浆具有失水性低的特点，管道暂停顶进后，仍能够保持管道外围泥浆套的润滑性。复顶后，主顶力提升幅度小，能够有效地缓解复顶后顶力激增的现象。

长距离顶管工程要穿越江河横断面，因此顶管在出洞和进洞时往往会有较大的坡度。在大坡度下坡顶进时，由于重力作用传统膨润土浆液会顺坡度流向前方机头，导致机头下方积聚大量浆液，使机头上浮，从而使机头顶端与地层产生过大的挤压，引发“背土”现象。采用高浓度膨润土浆液可以有效缓解该现象，这是由于其流动性低，不会大量积聚在机头下方。同时高浓度膨润土浆液还具有一定的隔断效用，可以阻止密度低的浆液流向前方机头处。

3.2 小直径、长距离钢顶管施工技术

对于小直径的钢顶管工程，由于管道内操作空间狭小，导致传统的顶管设备没有足够的空间放置。本节中下述的若干设备，均是在传统设备基础上进行的新型设备改造，以满足小直径、长距离顶管的需求。

3.2.1 封闭式顶管泥浆搅拌装置

封闭式顶管泥浆搅拌装置是在土压平衡顶管螺旋出土机后接自制泥水搅拌器，在密闭空间中，顶管机机头刀盘开挖出来的土体，通过螺旋出土机运送出来，首先通过“井”字形切削装置将土体切碎，之后通过高压进水喷射装置，将土打碎，在搅拌机叶片高速旋转的作用下，碎土和水充分搅拌成泥浆，最后将泥浆通过出泥管排出，出泥管设置压浆泵控制出泥速度，如图 3-2 所示。

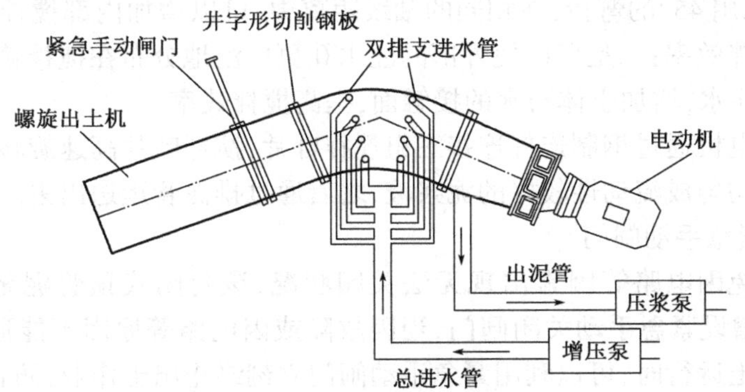

图 3-2 封闭式顶管泥浆搅拌装置示意图

具体设备系统组成如下：

(1)井字形切削钢板

排除的土体经过螺旋出土机运送,首先到达井字形切削钢板装置。该装置内部由横竖垂直交错的钢板焊接而成,钢板共计 5 行 5 列,材质为 Q235 钢,钢板厚度为 5mm、宽度为 40mm,如图 3-3 所示。钢板固定在螺旋出土机尾部,同时在双排支进水管前端,用于切削大块土体,方便后续与水混合搅拌,使之更容易形成泥浆。

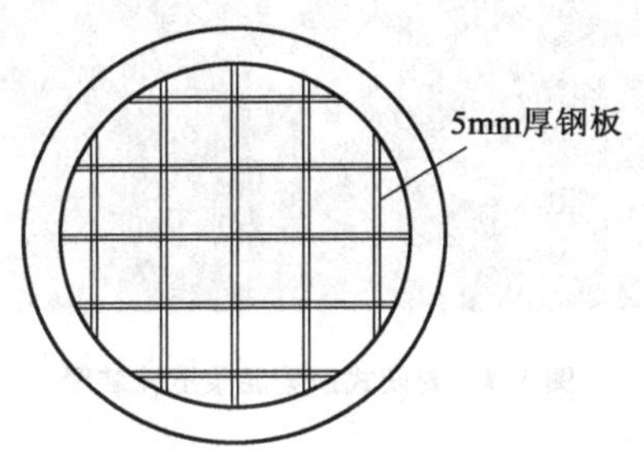

图 3-3 井字形切削钢板

(2)高压水喷射装置

通过高压水冲击土块,可以进一步将土块打碎,更好地形成泥浆。高压水喷射装置由总进水管和双排支进水管组成。通过增压泵,水从总进水管中输送,之后分成 16 个支进水管。支进水管分成两排,每排 8 支,每排绕管道一周,注水口均匀分布。支进水管管径细小,可提高水体流速,增加水体压力。水流通过支水管后,可全方位第向封闭式的搅拌仓内注水,提高搅拌效率。

(3)45°封闭搅拌箱

封闭式顶管泥浆搅拌装置如图 3-4 所示。

在封闭搅拌箱空间中,沿轴线处有 45°的弯折,其作用有二:一是相比于直筒型，采用45°的弯折，在相同的轴线距离中，可以增加内部搅拌空间，提高泥浆的搅拌效率；二是可以使外部的注水孔更广泛地分布在搅拌箱表面，达到360°同时注水，增加土体与水的接触面，提高搅拌效率。

尾部电机通过钢制连杆连接三组搅拌叶片，搅拌叶片高速旋转，将土体与泥水搅拌均匀成流动性较好的泥浆液，之后通过排泥管运送出去。

(4)紧急手动闸门

为避免因电路等因素出现无法关闭状况，该封闭式顶管泥浆搅拌装置(图3-4)增设紧急手动关闭闸门，当因故障或因电路等原因不能通过电路系统停止出土运行时，可以利用紧急手动闸门立刻终止出土作业，防止土体堵塞甚至挤爆后方泥浆搅拌仓。

该手动闸门在正常情况下抬起，紧急情况下可以放下，从而阻隔土体进入后方搅拌仓。手动闸门位于螺旋出土机尾部，并放置于井字形切削钢板前面。

图3-4　封闭式顶管泥浆搅拌装置

该设备具有以下几个优点：

(1)占用管道内部空间小，可以预留更多操作空间，方便施工作业，同时也适用于直径比较小的顶管工程。传统的搅拌系统占地面积大，不适用于小直径顶管工程。

(2)有利于文明施工，保证管道内环境干净整洁。由于是封闭式的泥浆搅拌装置，所有操作全部是在封闭的环境中进行，传统的开放泥水搅拌箱容易使泥浆溅出，造成管道内部泥浆污染。

(3)采用全方位止水管路的注水方法，泥浆能够更好地和土体接触，同时高压水也可以进一步打碎土体，使得搅拌效率相比传统方法得到大大提升。

3.2.2　水平运输电动车

目前用于隧道等地下管道施工的顶管和盾构技术，经常会用到内部水平运输车，一般用来运输渣土或辅助材料。对于长距离顶管工程，为提高效率，顶管通过泥水出土设置排泥管，直接将渣土排出。但对于管内巡视、闸阀操作、人工复测等工作，仍需人工携带材料设备往返管内，尤其是内径小于1.6m的长距离的顶管工程，由于内部布置的管路、电缆、通风等设施，导致管道内有效空间十分有限，管内巡视作业需要一直低头弯腰，携带材料、设备更为困难，管内水平运输是一大难点。对于管道内部的施工来说，随着顶进距离的增加，每次作业时间都会增加。若采用一种水平运输电动车在管道内部进行人员和设备的运输，则可以在很大程度上减少进出时间，提高工作效率。

水平运输电动车采用蓄电池供电，使用时不会增加管道内部的用电量，不影响管道内其他设备的使用，如图3-5所示。蓄电池给直流牵引电机提供电力，直流电机驱动车运行。直流电机与交流电机相比具有不易烧损、启动力矩大、过载能力强的优点，且续航能力较强，运行距离不受限制。它比卷筒供电（KPC）、低压交流轨道供电（KPD）两种系列的水平运输电动车具有更大的安全性能和机动性灵活性，其运行距离不受限制，对轨道无绝缘要求，维修容易，可靠性高，故施工方便、费用较低。

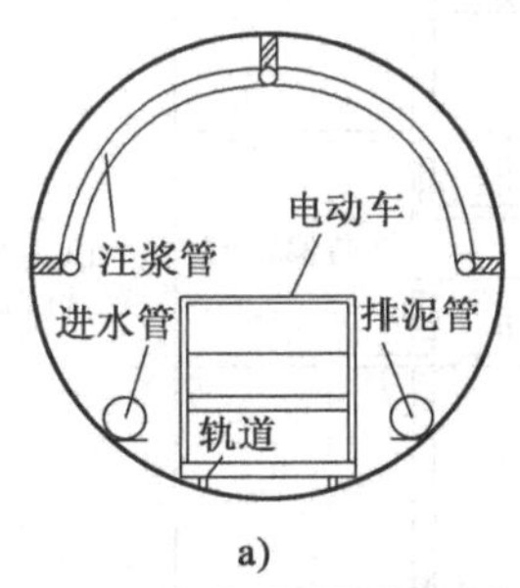

a)

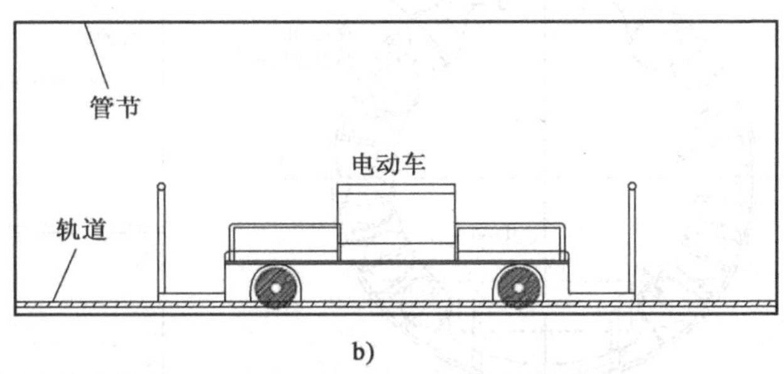

b)

图3-5　水平运输电动车

水平运输电动车主要由车架系统、传动装置（主动轮对）、被动轮对、电气控制等组成。车架是用四根纵梁和若干横梁及铺板焊接而成的框架结构，通常采用槽钢或工字钢作为车架的纵、横梁，采用八点承载方式，车架受力均匀。轮对上的轴承座通过螺栓与车架连接，这种结构有效地降低了电动车的台面高度。传动装置的减速机为抱轴式或链轮式，置于电动车的一端，便于总成检修和设备改装。

水平电动运输车前后各设一个连接挂钩，必要时可以牵引其他水平运输或被牵引。

3.2.3 马蹄形中继间

马蹄形中继间是专门为适应小直径长距离钢顶管工况下设计的一种特殊中继间装置。相比传统钢顶管，在施工阶段中继间筋板突出于管内，马蹄形中继间设计在小直径钢管管道（直径1.2～1.6m）中更加适用。小直径管道由于操作空间有限，施工人员需要在管道内部乘坐水平运输车行进。小直径顶管无论是否使用轨道的水平运输车，频繁地出现底部突出中继间将严重影响通行效率。工作人员运送到指定位置。

传统的中继间垂直于轴线的剖面形状往往是一个圆环，360°全方位布设液压缸。但在需要利用电动车运输的小直径管道中，下方布设的液压缸会阻碍电动车的行驶，而马蹄形中继间在下方为电动车预留了行驶的空间。

马蹄形中继间装置分为前铰接体和后铰接体两个部分。

1）前铰接体

前铰接体结构组成如图3-6所示。

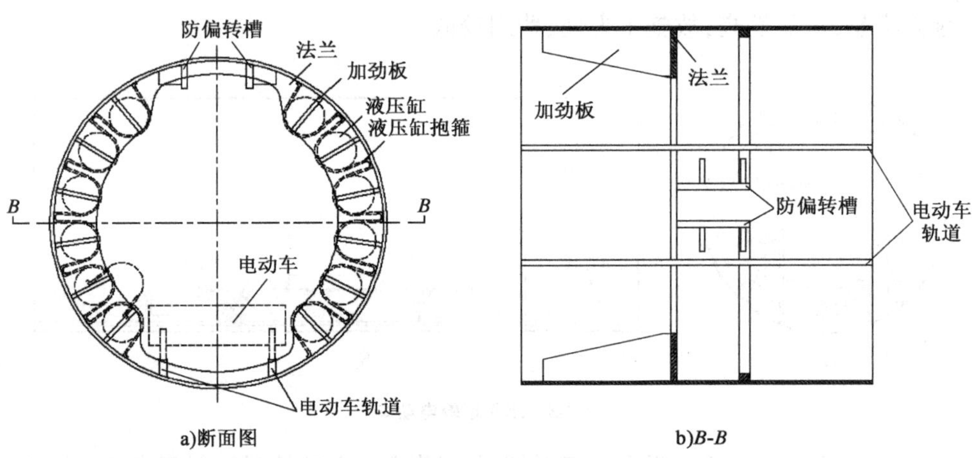

图3-6 前铰接体剖面结构示意图

（1）防偏转槽

位于前铰接体上方，后交接体上的防偏转舌可以沿管道轴线方向插入到防偏转槽中，使两者之间无法发生垂直于管道轴线方向上的相对转动或位移。

(2)法兰

法兰位于前铰接体上,液压缸伸长时,前段伸长部分将对法兰施加向前的推力,从而推动相应管道向前顶进移动。法兰上下两侧有缺口,下方缺口为电动车及轨道预留穿行的空间。

(3)加劲板

加劲板短边一侧焊接在法兰上,长边一侧焊接在前铰接体上,为法兰提供轴向的加固,可防止液压缸推力过大造成法兰破坏。

(4)液压缸

底端固定在法兰上,另一端可以伸长,伸长的液压缸活塞杆推动前铰接体向前顶进移动。

(5)电动车轨道

位于铰接体下方,固定在管道底部。

(6)电动车

行驶在轨道上,通过电力驱动,可在管道和中继间中穿行。

(7)液压缸抱箍

抱箍环形部分绕液压缸外围周长,两段焊接在前铰接体内部上,用于固定液压缸位置。

2)后铰接体

后铰接体结构组成如图 3-7 所示。

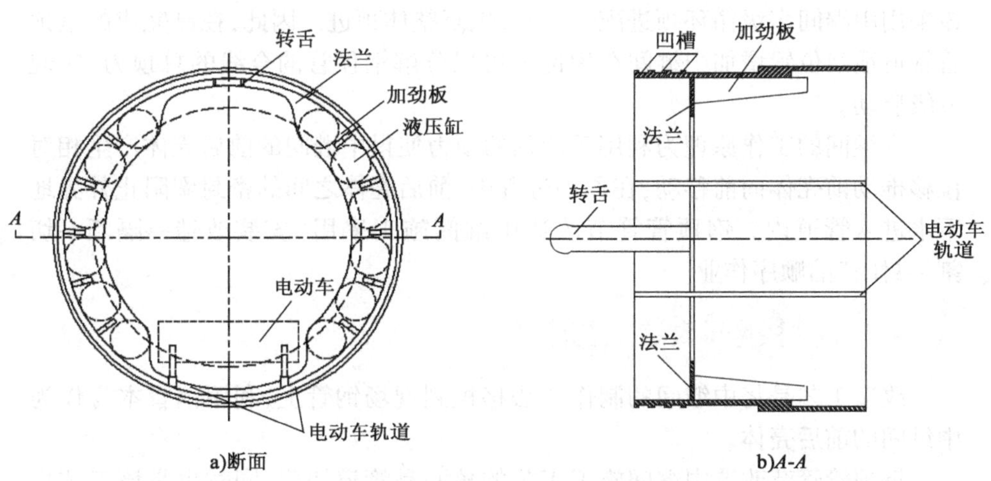

图 3-7 后铰接体剖面结构示意图

(1)转舌

转舌位于后铰接体上方,可自由伸出。为扁平形状,前方是一个圆形片,后方连接一个伸长片,可以插入到前铰接体的防偏转槽中,防止前后铰接体在液压缸伸长时发生偏转。

(2)法兰

法兰位于后铰接体上,其左右两侧为液压缸提供支撑平面,上下两侧开有缺口,下侧缺口为电动车运行及轨道预留的空间。

(3)加劲板

位于后铰接体法兰后方的加劲板,加劲板短边一侧焊接在法兰上,长边一侧焊接在后铰接体上,为法兰提供轴向加固,从而更好地为液压缸提供支撑环境。

(4)凹槽

铰接体的外壁,凹槽内将添加防水密封油脂,防止地层中水体泥沙流入中继间内部。

3.3 钢顶管内新增中继间施工技术

大直径、长距离钢顶管在复杂地层中顶进施工,常会遇到因施工或环境等原因影响导致长时间停工。即使停工期间进行持续注浆,复工后也会面临启动顶力激增,主顶千斤顶和既有中继间无法启动顶进的难题。主顶千斤顶的顶力受工作井制约,无法大幅度提升,提升主顶千斤顶的顶力是不可取的,应该采用中继间多级循环顶进配合压浆,恢复整体顶进。因此,在已完成的钢顶管管道适当位置增加中继间在理论上可以分解钢顶管的全线的总顶力,实现分级启动。

中继间的工作原理为利用千斤顶的顶力使得中继间的前后壳体产生相对位移推动前壳体向前移动,在移动过程中,前后壳体之间的密封圈阻止外界地下水进入管道内。钢顶管管节改造中继间施工采用“安装改造—隔断—切割—封闭”的顺序作业。

3.3.1 中继间改造工艺流程

改造工艺是将中继间的制作方法移植到现场钢管上,利用钢管本身作为中继间的前后壳体。

钢顶管管节改造中继间施工工艺的核心是管道切割,同时也是该工艺最大的风险源。该工艺管道切割,采用了在切割位置隔断地下水,管道内侧采用拉杆的方式实现了切割环境安全。

中继间采用二段一铰可伸缩的套筒承插式钢结构构件,安装 24 只双作用液压缸，每只液压缸的推力为500N，行程为500mm，配备25L油泵，31.5MPa、15kW电动机一台，在油箱上配有手动三位四通阀用以中继间顶进操作。为保证中继间密封效果，在前后筒体承插口处安装Y形密封圈。中继间设计长约1.8m，满足加工要求。施工工艺流程如图3-8所示。

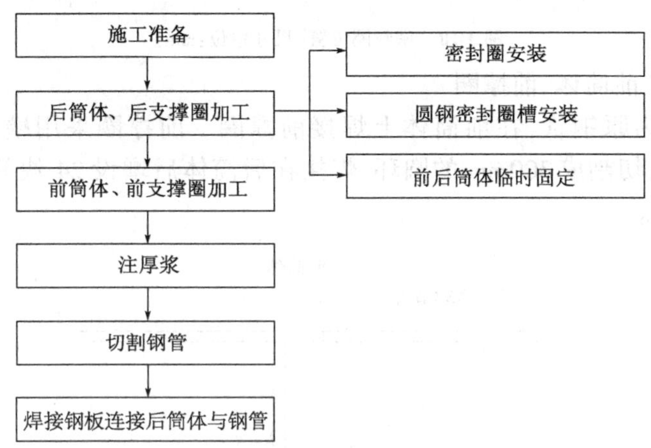

图3-8 施工工艺流程图

(1)加工后筒体、后撑圈

以DN2200钢顶管为例，中继间前后筒体采用承插式连接，设计间隔25mm，前筒体为原钢管壳体，内径2176mm，根据前筒体大小，工厂卷制成外径2126mm、壁厚16mm钢管，切割成4等分，运送到管道内，现场拼装后筒体。后撑圈采用壁厚25mm的Q235B钢板，按照图纸切割成ϕ300mm圆形，焊接在后筒体上，并增设24块筋板加固，如图3-9所示。

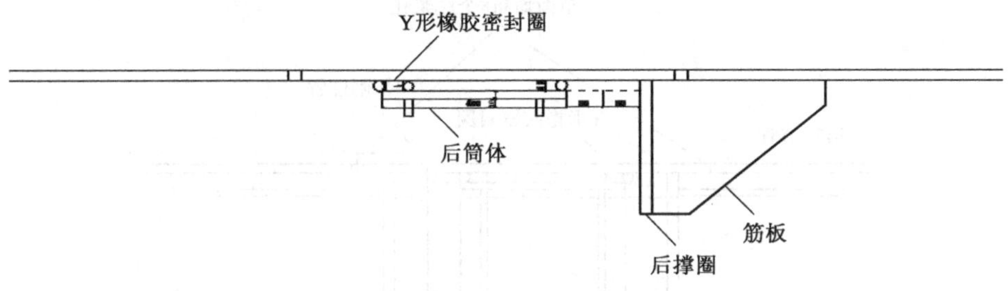

图3-9 后筒体

(2)密封圈安装

为保证中继间密封效果，在前后筒体承插口处安装Y形密封圈，后筒体上焊接2道圆钢，固定密封圈位置，如图3-10所示。

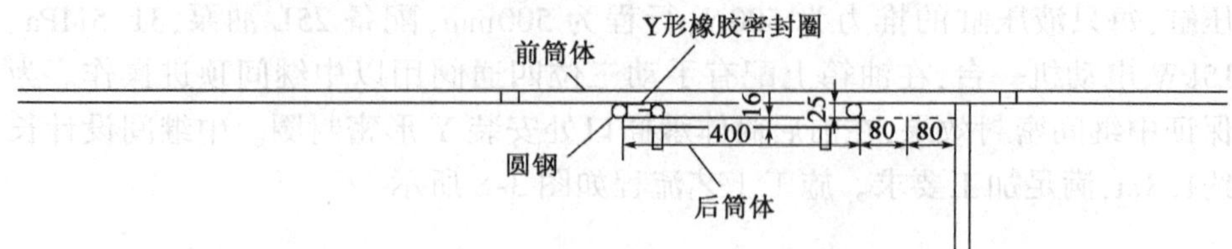

图 3-10　密封圈位置(尺寸单位:mm)

(3)加工前筒体、前撑圈

前筒体为原钢管,在前筒体上焊接前撑圈。前撑圈采用壁厚 25mm 的 Q235B 钢板,切割成 300mm 的圆环,焊接在后筒体后增设 24 块筋板加固,如图 3-11 所示。

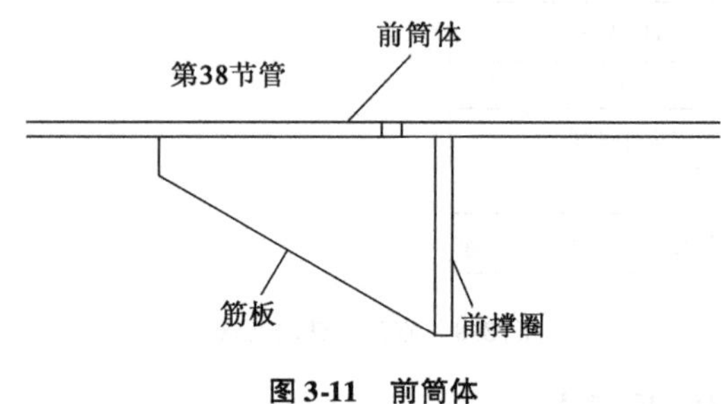

图 3-11　前筒体

(4)预注厚浆

现场加工中继间的难点是要隔绝地下水,确保原钢管切割过程中施工处于无水状态。在中继间前、后筒体上单面加工 8 个打土孔,加注预制好的厚浆,在管道外壁形成良好的厚浆套,减少切割管道过程中地下水的渗入,如图 3-12所示。

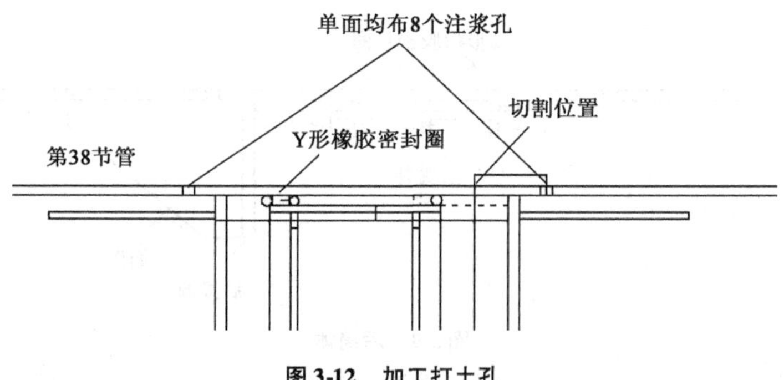

图 3-12　加工打土孔

(5)切割钢管

在切割钢管前,将后筒体与前撑圈之间进行焊接临时固定,以防后筒体错位。采用等离子切割机进行钢管切割，切割位置在后筒体与后撑圈之间间隔的中心线，控制切割缝隙在3～5mm；切割顺序按照图3-13中①～⑧的顺序切割，对称、均匀切割，以防管子错位；切割一块后立即对后筒体与后撑圈（间隔160mm）进行补焊中间预留150mm宽钢板。施工过程中有少量渗水时，立即采用快干水泥进行封堵。

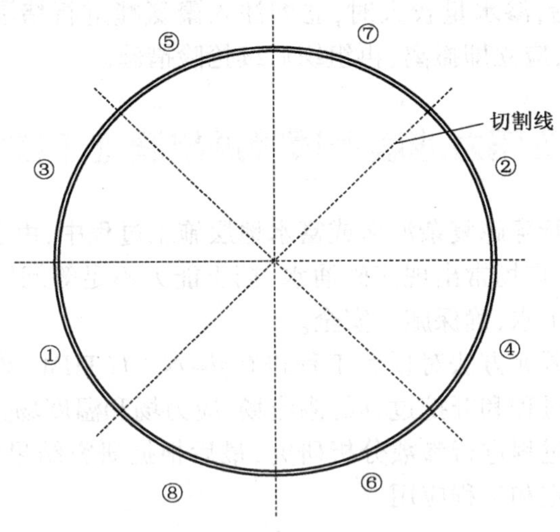

图3-13　切割钢管

（6）焊接钢板连接后筒体与后撑圈

后筒体与后撑圈（间隔160mm）间采用150mm宽弧形钢板进行焊接连接，弧形钢板预先根据图纸尺寸进行加工，共8块。中继间效果如图3-14所示。

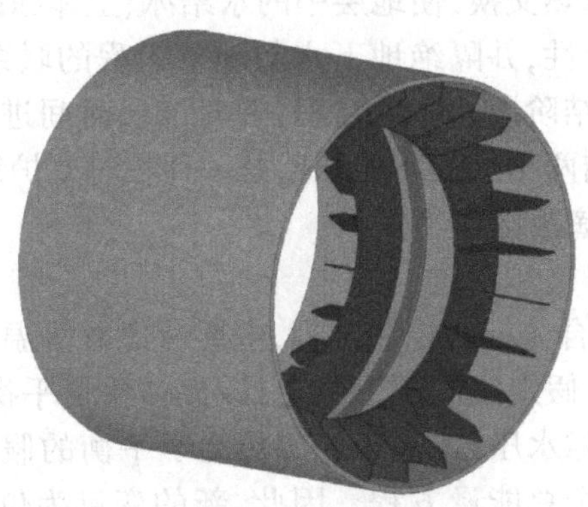

图3-14　中继间效果图

前后筒体之间增设4根M40螺杆，以防止中继间加工完成后发生错位、变形。

3.3.2 渗水处理方案

在切割钢管前,预先在打土孔上安装压力表,以了解管道外侧地下水压力。在正式开始切割钢管前,预先开探孔,确认切割是否安全。切割过程中,现场准备堵漏王、聚氨酯等堵漏材料,遇到少量渗水时,立即采用堵漏王(快速水泥)进行封堵,渗水量较大时,立即注入聚氨酯进行堵漏。情况危急时,为确保人员安全,应立即撤离,再组织后续抢险措施。

3.4 高水头压力地层钢顶管进出洞施工技术

在大直径顶管穿越复杂河床或富水地层施工过程中,由于地质情况复杂、降水难度大,施工现场常出现流砂涌水、挡土能力不足等问题,因此有必要加固土体和阻隔地下水,确保施工安全。

本节应用有限元方法对顶管工程进行热-水-力(THM)数值模拟,得到顶管周围土体冻结过程和开挖过程的渗流场、应力场和温度场分布,同时分别对冻结过程和开挖过程进行参数分析研究,最后根据研究结果对实际顶管工程进行施工参数确定和工程应用。

3.4.1 热-水-力三场耦合理论及控制方程

1)冻结原理和方法

人工冻结法是利用冷却系统通过低温盐水、液氮或其他冻结形式的循环流动使其与地层进行热交换,使地层中的水结冰、土体冻结,形成冻土帷幕,增强土体的强度和稳定性,并隔绝地下水与地下工程的联系。冻结过程应合理布置冻结管、选择冻结阶段的冻结过程,并对冻结时间进行确定,主要包括冻结孔施工和土体冻结两个过程。冻结壁是一种临时支护结构, 永久支护形成后,停止冻结, 冻结壁融化。

2)控制方程

热-水-力学全耦合分析的控制方程,主要考虑非等温非饱和地下水渗流、热传导和土体变形。假定气体压力恒定,故流体质量平衡方程中只需要一个独立的未知数,即孔隙水压力;基于局部热力学平衡的假设,所有相具有相同的温度,故只需要一个总能量方程。因此,新的变量为位移(V)、孔隙水压力(P_w)和温度(T)。

(1)非等温不饱和流体热平衡方程

使用 Richard 模型来描述非等温不饱和流体的热平衡方程,其表达式为:

$$J_{\mathrm{w}} = \rho_{\mathrm{w}}\left[\frac{k_{\mathrm{rel}}}{\mu}\underline{\kappa}^{\mathrm{int}}(\nabla P_{\mathrm{w}} + P_{\mathrm{w}}g)\right] \tag{3-1}$$

式中：J_{w}——流体的流量密度；

ρ_{w}——流体的密度；

k_{rel}——相对渗透率；

μ——流体的动力黏度；

$\underline{\kappa}^{\mathrm{int}}$——多孔介质的固有渗透率；

∇P_{w}——流体压力梯度；

$P_{\mathrm{w}}g$——流体在重力场下的势能场。

动力黏度取决于流体类型和温度，而固有渗透率是孔隙结构的函数。

由于温度效应的影响，气流平衡方程也应作为非等温过程中需要考虑的对象。气流平衡方程参照文献[98]，其表达式为：

$$J_{\mathrm{v}} = -D_{\mathrm{v}}\nabla\rho_{\mathrm{v}} = D_{\mathrm{pv}}\nabla\rho_{\mathrm{w}} - D_{\mathrm{Tv}}\nabla T \tag{3-2}$$

式中：T——多孔介质在开氏温度条件下的局部平衡温度；

J_{v}——气体的流量密度；

D_{v}——多孔材料中的气体扩散系数；

ρ_{v}——气体密度；

D_{pv}、D_{Tv}——水力和热扩散系数；

其他符号含义同前。

(2)质量守恒方程

全耦合过程流体质量平衡方程表达式为：

$$n\frac{\partial}{\partial t}[S\rho_{\mathrm{w}} + (1-S)\rho_{\mathrm{v}}] + [S\rho_{\mathrm{w}} + (1-S)\rho_{\mathrm{v}}]\left|\frac{\partial \varepsilon_{\mathrm{v}}}{\partial t} + \frac{1-n}{\rho_{\mathrm{s}}}\frac{\partial \rho_{\mathrm{s}}}{\partial t}\right| = -\nabla\cdot(J_{\mathrm{w}} + J_{\mathrm{v}}) \tag{3-3}$$

式中：n——孔隙度；

S——饱和度；

ε_{v}——体积应变；

ρ_{s}——固体密度；

其他符号含义同前。

(3)土体单元变形控制方程

土体单元变形控制方程表达式为：

$$\nabla\cdot\underline{\underline{\sigma}} + \rho g = 0 \tag{3-4}$$

$$\rho = (1-n)\rho_{\mathrm{s}} + nS\rho_{\mathrm{w}} + n(1-S)\rho_{\mathrm{v}} \tag{3-5}$$

式中：ρ_s、ρ_w、ρ_v ——多相介质内固体、液体和气体的密度。

(4)热平衡方程

多孔介质的热平衡方程表达为：

$$\frac{\partial}{\partial t}[nS\rho_w e_w + n(1-S)\rho_v e_v + (1-n)\rho_s e_s] = -\nabla\cdot(J_w + J_v) + Q_T \tag{3-6}$$

式中：e_w、e_v、e_s ——液相、气相和固相的内能；

Q_T ——热源，即单位体积的热生成率；

其他符号含义同前。

经过系列等效转换，式(3-6)的热平衡控制方程可以简化为下式：

$$\rho C\frac{\partial T}{\partial t} - \nabla\cdot(\lambda\nabla T)\left[\frac{k_{rel}}{\mu}\underline{\underline{\kappa}}^{int}(\nabla\rho_w + \rho_w g)\right]\cdot\nabla T +$$

$$\rho_w C_w T\left[\nabla\cdot\left(\frac{k_{rel}}{\mu}\underline{\underline{\kappa}}^{int}(\nabla\rho_w + \rho_w g)\right)\right] - Q_T - C_{as}(T - T_a) = 0 \tag{3-7}$$

式中：T_a ——空气温度；

C_{as} ——与空气接触表面的对流换热系数；

其他符号含义同前。

(5)土体冻结特征指标

0°C 以下，液态水会变成冰。这种相位变化必须提供额外的能量。这种能量取决于水的潜热和未冻水含量相对于温度的变化。未冻水含量是孔隙中未转化为冰的液态水的含量。

热容方程表达式为：

$$\rho C = (1-n)\rho_s C_s + nS\rho_w\left(C_w + I\frac{dw_u}{dT}\right) + n(1-S)\rho_v C_v \tag{3-8}$$

式中：I ——液体的潜热；

其他符号含义同前。

公式 $w_u(T)$ 可通过用户自定义方式进行设置。

3)边界条件

冻结管与周围土壤之间的热交换采用热对流形式进行，对热边界控制方程表达式为：

$$Q = R(T - T_{fluid}) \tag{3-9}$$

式中：T、T_{fluid} ——土壤温度、与边界接触流体的温度；

R ——振幅系数。

边界条件的效率取决于振幅系数。实际模拟过程中，冻结管以对流边界条件为基础，采用上述相同的公式进行计算。

3.4.2 冻结及顶进施工全过程模拟方法

在软土地区,由于地质情况复杂、降水难度大,顶管工程施工现场常出现流砂涌水等事故,因此有必要阻隔地下水确保施工安全。人工冻结法(冰冻法)能够有效控制渗流通道和加固洞口土体,施工流程如图 3-15 所示,主要分为冻结—顶进—融沉三个步骤。

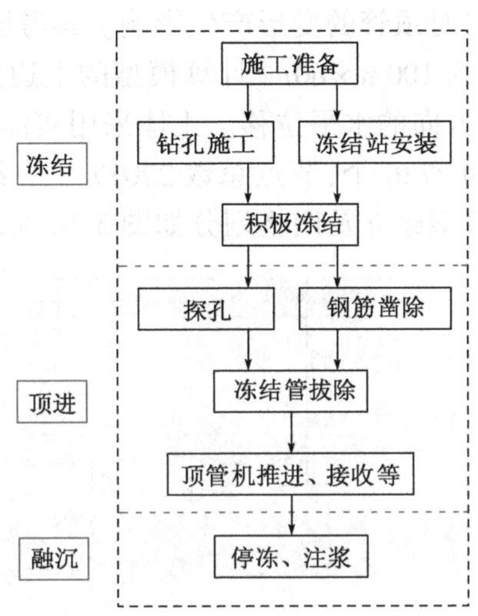

图 3-15　人工冻结法施工流程图

在数值建模过程中,对冻结及全过程做简化处理。

(1)采用二维软件进行冻结管模拟时,考虑到实际情况中冻结管热传导效率不如理想情况下效率值,对冻结管的间距和数量做等效处理,二维模型中将冻结管间距设置为 1.2m,共 5 根冻结管。

(2)假设冻结区域深度为 15m,保证在顶管上、下外侧各维持约 6m 的冻结厚度。

(3)顶管安装之前,需进行冻结管拔除操作,在数值模型中等效于冻结冻结管的热流边界条件。

(4)顶管安装、土体开挖完成后,采用注浆等人工融沉方式对土体进行化冻处理,此时将冻结管重新激活并设置温度为 60℃,计算时间为 10 天。

基于以上关键步骤的等效处理,实现了该项目全过程的数值模拟。

3.4.3 计算模型及参数

三维有限元程序主要应用领域包括基础工程、地质工程、隧道工程、地下工程、近海工程等。该程序使用图形化界面，输入程序为前处理器，用来定义几何模型，创建有限元网格，定义计算阶段；输出程序为后处理器，用来查看三维视图或剖面图等计算结果，也可针对预选点绘制曲线。

1）数值模型的建立

土体单元建立：自顶管位置到模型边界的距离是建模时考虑的首要因素。模型的边界一般施加位移的约束条件，当顶管边缘到模型边界的距离较小时，所施加的边界条件必将对顶管的变形产生影响。参考国内外文献及多数工程经验，取模型平面尺寸为100m×60m，计算模型的上边界为自由边界，底部全约束，侧边限制向顶管方向的水平位移。土体采用实体（zone）单元模拟，计算模型中实体单元总数为2726个，节点总数22057个。结构单元模拟：结构单元主要是顶管。数值模型建立及网格划分如图3-16所示。

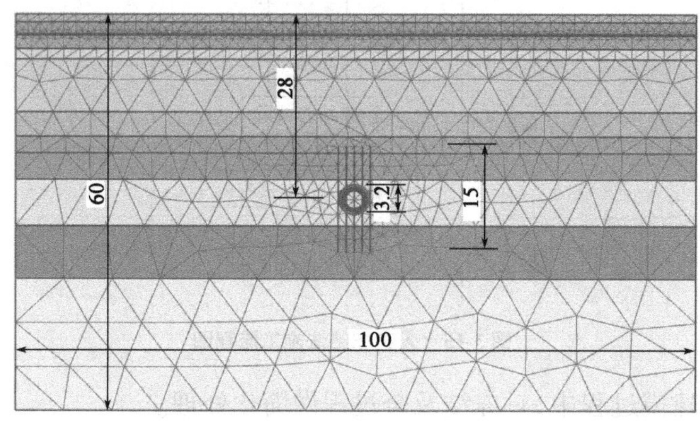

图3-16　模型网格示意图（尺寸单位：m）

2）模型参数取值

本节针对该项目地质具有软土地区的特性，且含有丰富的地下水环境，故采用莫尔-库仑（MC）不排水B模型，研究冻结法及顶管施工全过程周围土体的变形及温度场分布规律，并分别对冻结过程和顶进过程进行关键参数研究。模拟顶管周围土体冻结行为过程时，应从全局分析冻结过程顶管周边土体温度场分布和地下水渗流情况。关键参数是土体渗透系数、冻结管对流温度控制函数、土体和水的各种温度参数等。

土体采用莫尔-库仑本构（MC）不排水B模型进行模拟，忽略场地区域地层起伏状况。其中，土层厚度及土层名称以及土层密度可由纵剖面图结合地质勘查报告得出。针对软土地区的土体特性，本文对莫尔-库仑（MC）模型的刚度和强度参数进行了修正。在模拟时，对于土体弹性模量 E，砂性土层和黏性土层均由小应变剪切模量求得，经验公式表达式为：

$$E = 2\eta G_0(1 + \nu) = 2\eta(20 + 2z)(1 + \nu) \tag{3-10}$$

$$G_0 = 20 + 2z \tag{3-11}$$

式中：η——土体黏度，取 $\eta = 0.5$；

ν——泊松比；

G_0——土的小应变剪切模量；

z——土体埋深。

泊松比参照室内土体的静泊松比试验、现场波速测试的动泊松比给出，现场波速测试土岩的动泊松比 ν 较大，偏于安全，建议采用当地相关经验数据。砂土层的黏聚力 c 及内摩擦角 φ 采用土体排水强度参数，即黏聚力取 0，内摩擦角取 30°；黏性土层的黏聚力及内摩擦角采用土体不排水强度参数，即黏聚力取不排水抗剪强度，内摩擦角取 0°，经验公式表达式为：

$$c = \lambda s_u = \lambda(20 + 2z) \tag{3-12}$$

式中：c——黏聚力(kPa)；

λ——土体强度折减系数；

z——土体埋深(m)。

综上，土层分布情况及相关特性参数取值见表 3-1。土层的热力学参数取值为：比热容 $C_s = 1000\text{kJ}/(\text{t}\cdot\text{K})$；导热系数 $\lambda_s = 0.002\text{kW}/(\text{m}\cdot\text{K})$；密度 2.6 t/m^3；热膨胀分量 $\alpha = 0.3E - 6/K$。

土层分布及相关特性参数 表 3-1

编号	名称	厚度(m)	重度(kN/m^3)	弹性模量 E (MPa)	黏聚力 c (kPa)	渗透系数(m/d)	
						水平	垂直
①	杂填土	1.2	15	27.56	14.84	2.37×10^{-5}	1.90×10^{-5}
$②_1$	褐黄色黏质粉土	2	18.2	31.72	17.08	3.60×10^{-5}	2.99×10^{-5}
$②_2$	灰黄色粉质黏土	2	18.2	36.92	19.88	3.19×10^{-5}	1.91×10^{-5}
$③_1$	灰色淤泥质粉质黏土	1.6	17.6	41.60	22.40	5.09×10^{-5}	3.53×10^{-5}
$③_t$	灰色黏质粉土	8	18.5	54.08	29.12	3.60×10^{-5}	2.99×10^{-5}
$④_1$	灰色淤泥质黏土	3.7	16.8	69.29	42.64	2.92×10^{-5}	1.58×10^{-5}
$⑤_1$	灰色黏土	2.5	17.8	77.35	47.60	3.19×10^{-5}	1.91×10^{-5}
$⑤_{2-1}$	砂质粉土夹粉质黏土	4	18.4	85.80	52.80	7.75×10^{-3}	6.11×10^{-3}
$⑤_{2t}$	砂质粉土夹粉质黏土	7	17.9	100.10	61.53	4.41×10^{-2}	2.71×10^{-2}

续上表

编号	名称	厚度（m）	重度（kN/m^3）	弹性模量 E（MPa）	黏聚力 c（kPa）	渗透系数（m/d）	
						水平	垂直
$⑤_{2-2}$	灰色粉砂	8	18.3	119.60	5.00	8.81×10^{-2}	6.51×10^{-2}
⑥	暗绿色粉质黏土	20	19.6	156.00	96.00	3.60×10^{-5}	2.99×10^{-5}

结构单元取值根据实际情况指定，顶管外径 3.2m，壁厚 0.25m，密度 $2650kg/m^3$，弹性模量 210GPa，泊松比 0.3。顶管热力学参数取值为：比热容 $C_s=460kJ/(t\cdot K)$；导热系数 $\lambda_s=0.017kW/(m\cdot K)$；热膨胀分量 $\alpha=0.024E-3/K$。

3.4.4 工况模拟及研究内容

1）工况模拟

应用有限元方法结合现场施工情况对工况进行热-水-力（THM）模拟，首先进行初始值与边界条件的设定，之后按顺序进行冻结管冻结施工、冻结管拔除施工、顶管安装和土体开挖的工序设定，关键工况模拟方案及参数如下：

（1）施加边界条件

渗流边界条件选择地下潜水位；温度边界条件设置为两侧关闭、底部 294.5K（21.5℃）、上部与空气接触（20℃）。

（2）冻结管冻结施工

考虑到实际情况中冻结管热传导效率不如理想情况下效率值，对冻结管的间距和数量做等效处理，模型中将冻结管间距设置为 1.2m，共 5 根冻结管；同时假设冻结区域深度为 15m，计算时间为 10 天。另外，土体冻结过程未冻含水率变化是影响结果的重要性指标，未冻水含率变化曲线如图 3-17所示。

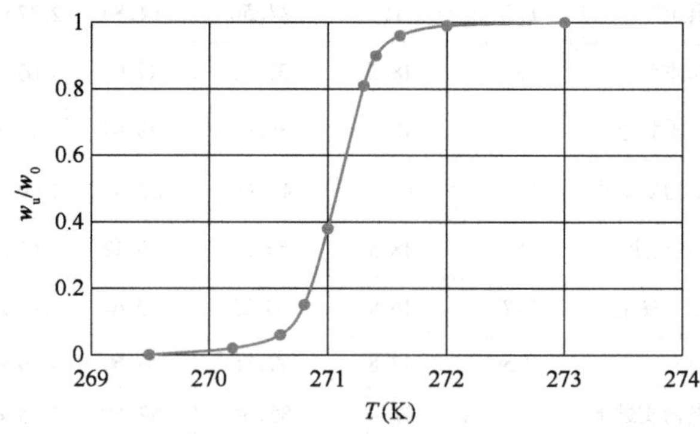

图 3-17　未冻水变化含率曲线

由图 3-17 可知：横坐标为土体冻结过程的温度值 T(K)，纵坐标为土体孔隙中未冻含水率与初始含水率的比例 W_u/W_0，曲线结果显示未冻含水率与冻结温度之间呈反比关系；随着温度降低，未冻含水率减小，当土体温度降低至约 270K(−3℃)时，未冻含水率接近 0，表明土体孔隙中水全部转变成冰；未冻含水率的变化规律能够有效揭示土中水分冻结机理。

(3)冻结管拔除施工

顶管安装之前，需进行冻结管拔除操作，在数值模型中等效于停用冻结管的热流边界条件。

(4)融沉施工

顶管安装、土体开挖完成后，采用注浆等人工融沉方式对土体进行化冻处理，此时将冻结管重新激活并设置温度为 60℃，计算时间为 10 天。

2)研究内容

首先结合数值软件对上述全过程工况进行模拟，得到顶管周围土体在冻结过程和开挖过程的渗流场、应力场和温度场分布。分别对冻结过程和顶进过程进行参数分析研究，考虑冻结过程中不同参数(渗透系数、流速、冻结管空间布置等)对冻结效率的影响规律、顶进过程中不同参数(冻结体范围、冻结体形状、顶管埋深、顶管直径等)对变形控制的影响规律。

3.4.5　基本结果分析

结合数值软件对项目全过程工况进行模拟，得到顶管周围土体在冻结过程和开挖过程的渗流场、应力场和温度场的云图及曲线展示。主要分为 4 个阶段：施加边界条件、冻结管冻结施工、顶管顶进和土体开挖、融沉施工。各阶段的计算类型及设置分别如下：

(1)施加边界条件：假设空气温度为 293K(20℃)，地温梯度为 0.025K/m，左右两侧温度边界为关闭；地下水设置为潜水位条件，水位线位于地表下 3m。施加边界条件计算类型为塑性计算，孔压类型为稳态地下水渗流，热计算类型为稳态热流。

(2)冻结管冻结施工：设置冻结管温度为 213K(−60℃)，冻结时间为 10 天，冻结深度范围为地表以下 20 ~ 36m。计算类型为热流固耦合计算，温度采用上一阶段的温度场进行计算。

(3)顶管顶进和土体开挖：顶管施工之前需要先进行冻结管拔除处理，相应地，在数值模型中等效于将冻结管停用，同时将位移场和应变重置为 0，随后进行顶管安装和内部土体开挖，计算时间为 10 天。此阶段的计算类型为热流固耦合计算，无热计算。

(4)融沉施工:顶管顶进和土体开挖完成后,采用人工注浆的方式进行化冻处理,在数值模拟中可以等效于重新激活冻结管,并设置冻结管的温度边界条件为333K(66℃),化冻时间与冻结时间相同,设置为10天。此阶段的计算类型为热流固耦合计算,热计算类型为使用前一阶段的温度。

下面将分别展示温度场、笛卡尔总应力 σ_y 场、超孔隙水压力分布、土体竖向变形、土体水平变形这5个结果在不同施工工况下的响应过程。

1)温度场分布

图3-18所示为温度场在不同工况下的分布云图。由图可知:

(1)冻结施工阶段:冻结10天完成后,顶管周围形成方形冻结壁,尺寸约为7.2m×16.5m,计算得出冻结壁扩展速度约为120mm/d。

(2)顶管顶进和土体开挖阶段:冻结区域在与周围土体热量交换的过程中,冻结壁宽度不断缩小,土体温度越靠近顶管附近越低,整体仍满足施工要求。

(3)融沉施工阶段:冻结区域土体温度不断升高,计算10天后基本达到冻结区域土体温度在0℃以上。

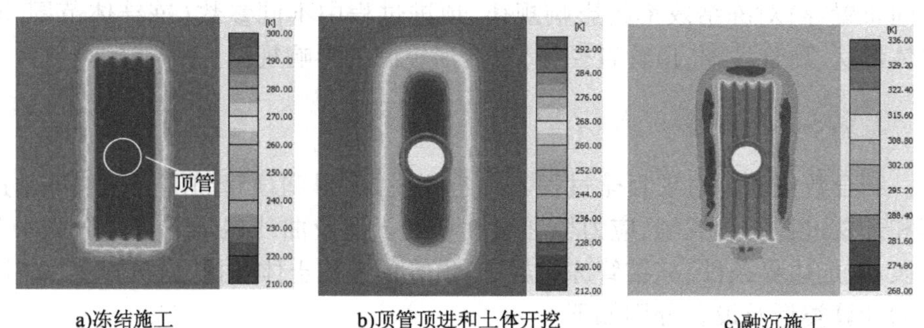

a)冻结施工　　b)顶管顶进和土体开挖　　c)融沉施工

图3-18　温度场在不同工况下计算结果

2)笛卡尔总应力 σ_y 场

图3-19所示为笛卡尔总应力 σ_y 场在不同工况下的计算结果。由图可知:

(1)施加边界条件阶段:应力值随着深度的增加而增加(梯度增加),最大应力为1168kN/m^2(压力)。

(2)冻结施工阶段:应力云图显示冻结土区域产生较大压应力(负值),是通过孔隙内水发生冻胀效应,造成体积膨胀从而对土形成挤压产生。

(3)顶管顶进和土体开挖阶段:应力云图与上一阶段相比变化不明显,说明冻结区域的刚度和强度比正常土体要大,以至于隧道内开挖卸荷对冻结区域土体的应力状态影响较小。

(4)融沉施工阶段:应力云图与冻结阶段差异较大,与初始边界条件施加阶段计算结果相近,说明冻结产生的土体间的压应力在不断减小、最终消散。

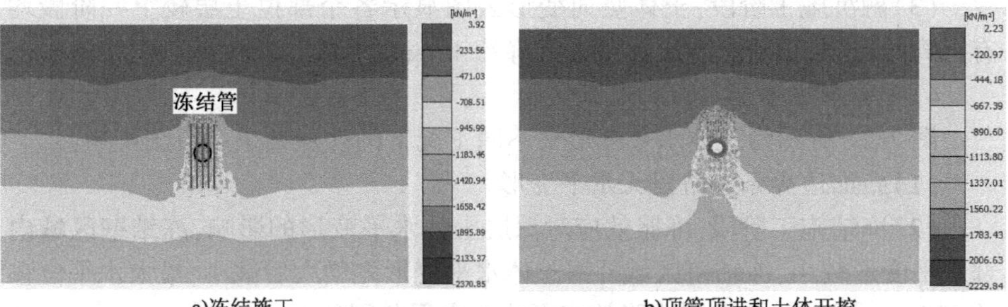

a)冻结施工　　b)顶管顶进和土体开挖

图 3-19　笛卡尔总应力 σ_y 场在不同工况下计算结果

3)土体竖向变形

图 3-20 所示为土体竖向变形在不同工况阶段的计算结果。由图可知:

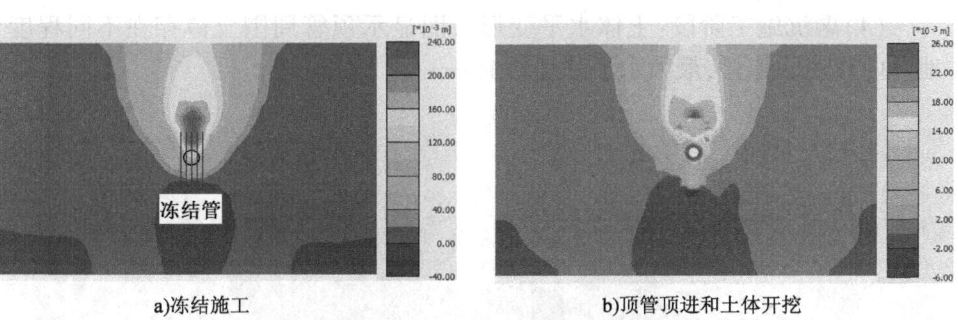

a)冻结施工　　b)顶管顶进和土体开挖

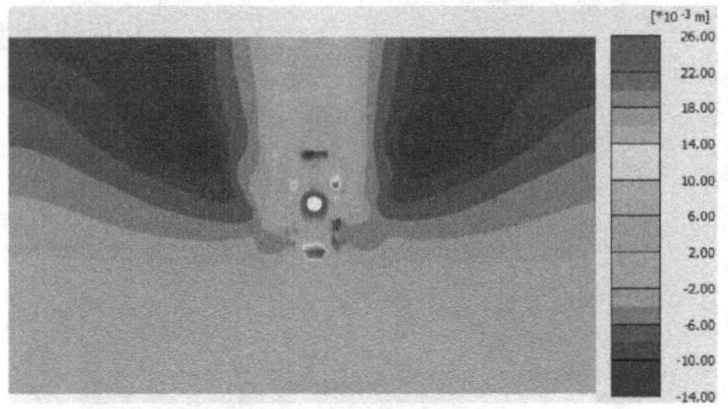

c)融沉施工

图 3-20　土体竖向变形在不同工况下计算结果

(1)冻结施工阶段:土体竖向变形云图反映出土体冻结过程冻胀效应,水相转化成冰相引起体积膨胀,从而使土体产生竖向隆起变形,最大隆起变形约 230mm,处于冻结管上端附近;另外,土体的隆起变形随着深度变浅而逐渐减小,最终地表最大隆起量约为 130mm。

(2)顶管顶进和土体开挖阶段:土体竖向变形云图显示顶管顶进和土体开挖过程,顶管上方土体仍有隆起变形,下方土体呈微弱沉降变形,最大隆起变形约25mm,地表最大隆起变形约13mm,土体最大沉降变形约6mm。

(3)融沉施工阶段:土体竖向变形云图显示各个部位土层较上一阶段均有沉降的趋势,顶管上方土体最大沉降约40mm,两侧土体最大沉降约15mm。

4)土体水平变形

图3-21所示为土体水平变形在不同工况下的计算结果。由图可知:

(1)施加边界条件阶段无水平变形。

(2)冻结施工阶段:冻胀效应对深层土体水平变形的影响,冻结壁区域内部水平变形较小,冻结壁区域外部土体水平变形先增大后减小,最大水平位移约116mm,同时间接表明冻胀效应影响的水平范围约15m。

(3)顶管顶进和土体开挖阶段:土体水平变形云图显示顶管顶进和土体开挖过程,顶管附近土体由于卸荷向内移动,最大位移约5mm,但是更远离顶管的土体发生了冻胀现象,土体有向外移动的趋势,最大水平位移约13mm。

(4)融沉施工阶段:土体水平变形云图显示顶管周围土体存在不同程度地向内移动的趋势,最大水平移动约10mm。

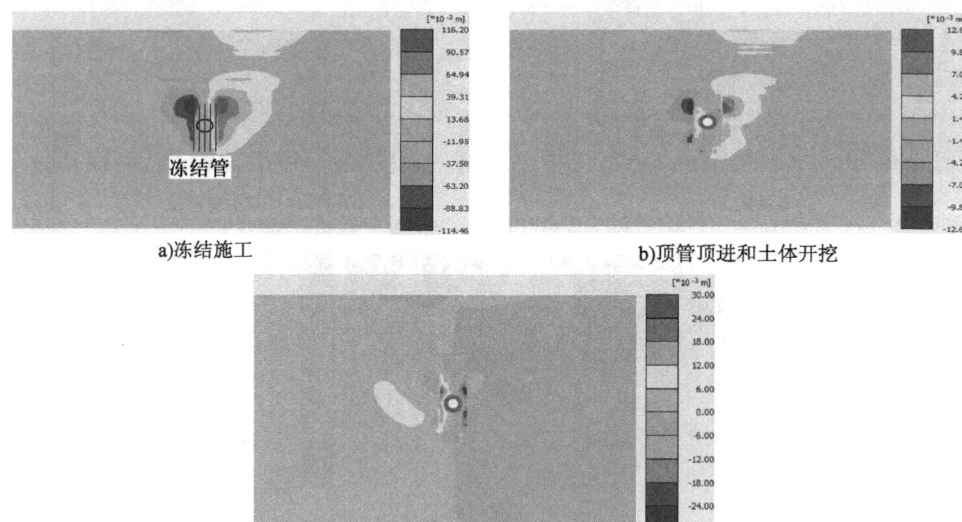

a)冻结施工

b)顶管顶进和土体开挖

c)融沉施工

图3-21 土体竖向变形在不同工况下计算结果

3.4.6 冻结过程参数研究

本节主要研究土体冻结过程土层渗透系数、地下水渗流和冻结管施工参数对冻结效率的影响规律，并定义基于范围的冻结效率作为评价指标。

1）地层渗透特性对冻结效率的影响

计算条件：根据冻结管所在深度位置为地下[－25m，－40m]，将土层⑤$_{2-1}$、⑤$_{2t}$、⑤$_{2-2}$定义为冻结区土层，剩下的土层定义为非冻结区土层，则依次改变土层的渗透系数，并计算最终温度场分布、形状和扩展速率；冻结管间距为1.2m，共计5根，冻结管温度为213K（－60℃），计算时间10天。表3-2为地层渗透特性对冻结效率的影响。图3-22所示为不同渗透系数条件下冻结体水平中心截面温度分布曲线。由计算结果可知，地层渗透特性对冻结效率没有影响，不同渗透系数情况下顶管周围温度分布云图相同，顶管中心横截面冻结区域宽度范围为[－3.6m，3.6m]，平均扩展速率为120mm/d。

地层渗透性对冻结效率的影响规律　　表3-2

类型	地层渗透系数(m/d)			冻结体宽度(m)	扩展速率(mm/d)
	冻结区所在层	非冻结区所在层	温度场云图		
①	原始值	原始值			
②	原始值	0.01			
③	0.01	原始值		[－3.6,3.6]	120
④	0.01	0.01			
⑤	1	1			

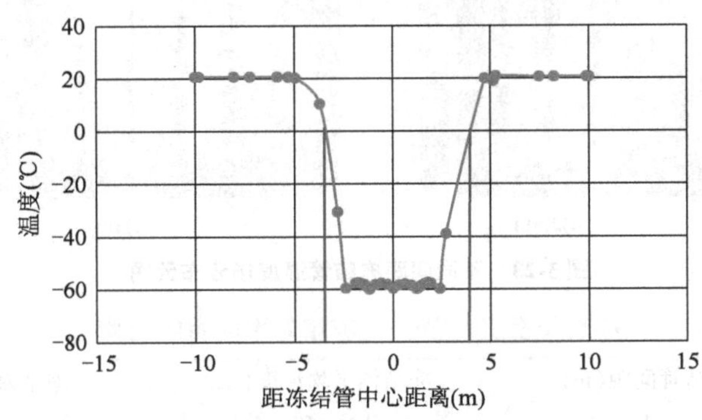

图3-22　不同渗透系数条件下冻结体温度分布曲线

2）冻结施工参数对冻结效率的影响

考虑冻结施工参数对冻结效率的影响规律时，重点关注冻结管内部温度和冻结管布置密度的改变对顶管周围温度场分布的影响规律。

(1)工况 1

①计算条件

采用渗流场与温度场耦合计算来分析冻结管的布置密度对顶管周围温度场分布的影响规律。模拟共采用 5 根冻结管,分别设置冻结管间间距为 1m、1.5m、2m、2.5m、3m,冻结管温度为 213K(-60℃),计算时间为 10 天。

②影响分析

图 3-23 所示为不同间距冻结管温度场分布云图。表 3-3 为冻结管密度对冻结效率的计算结果和对比分析。图 3-24 所示为冻结体平均扩展速率与间距的关系曲线。

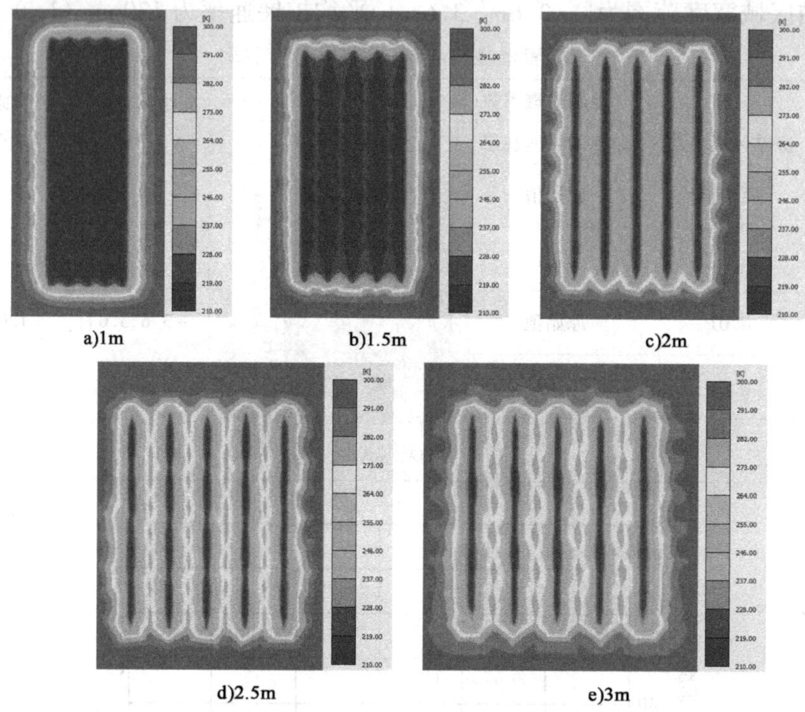

a)1m　b)1.5m　c)2m　d)2.5m　e)3m

图 3-23　不同间距冻结管温度场分布云图

冻结管密度(间距)对冻结效率的影响规律　表 3-3

类型	冻结管间距(m)	冻结体平均温度(℃)	冻结效率(℃/d)
①	1	-60	8.0
②	1.5	-52	7.2
③	2	-40	6.0
④	2.5	-22	4.2
⑤	3	-15	3.5

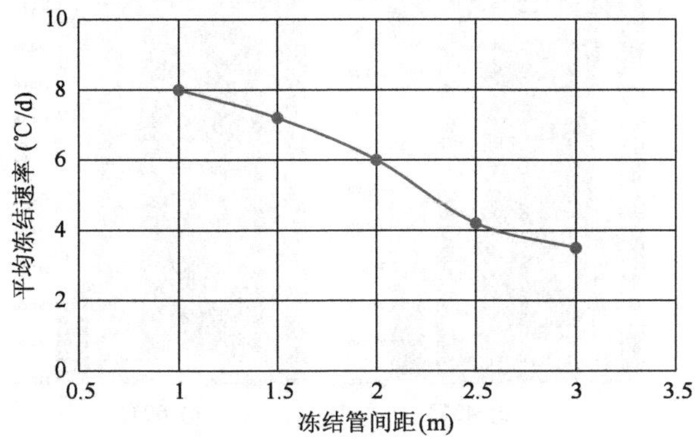

图 3-24 冻结体平均冻结速率与间距的关系曲线

由表3-3和图3-24可以看出,冻结管布置密度(间距)对冻结效率存在较大影响,冻结区域平均冻结速率随冻结管间距的增大而减小,因此应根据现场施工实际需求确定冻结管间距,在保证冻结效率的同时尽量减少对周边环境的扰动。

(2)工况2

①计算条件

采用渗流场与温度场耦合计算来分析冻结管的温度对顶管周围土体温度场分布的影响规律。模拟共采用5根冻结管,冻结管间距为1.2m,设置冻结管温度为270K(-3℃)、250K(-23℃)、240K(-33℃)、230K(-43℃)、213K(-60℃),计算时间为10天。

②影响分析

图3-25所示为不同温度冻结管的温度分布云图。表3-4为冻结管温度对冻结效率的计算结果和对比分析。图3-26所示为冻结体平均扩展速率与冻结管内温度的关系曲线。

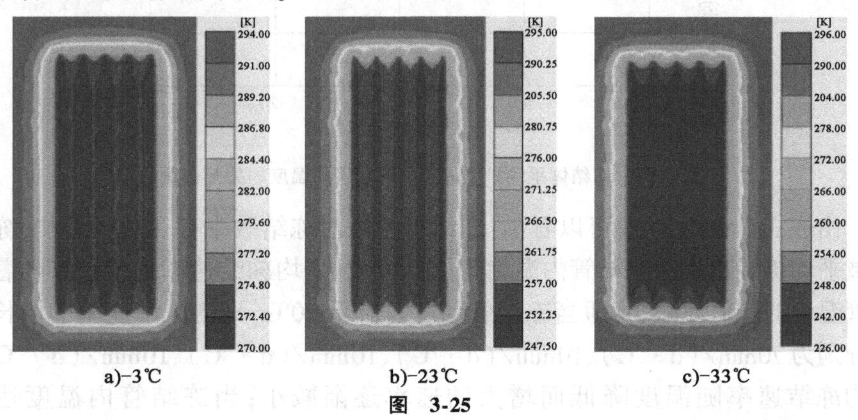

a)-3℃　b)-23℃　c)-33℃

图 3-25

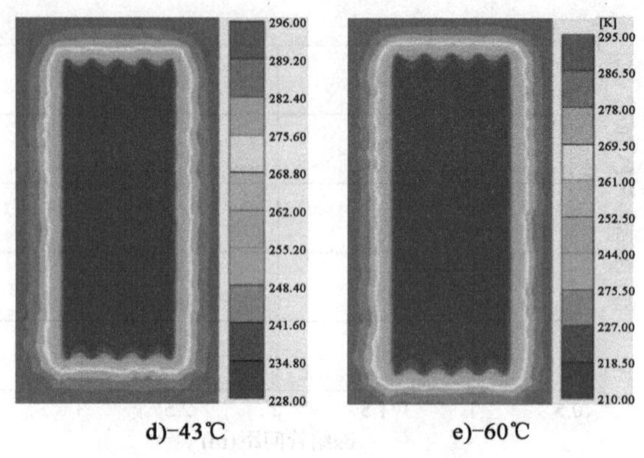

图 3-25 不同温度冻结管温度分布云图

冻结管温度对冻结效率的影响规律　　表 3-4

类型	冻结管温度	冻结体宽度(m)	平均扩展速率(mm/d)	增长速率[mm/(d·℃)]
①	270K(-3℃)	[-2.6,2.6]	20	—
②	250K(-23℃)	[-3.3,3.3]	90	70
③	240K(-33℃)	[-3.4,3.4]	100	10
④	230K(-43℃)	[-3.5,3.5]	110	10
⑤	213K(-60℃)	[-3.6,3.6]	120	10

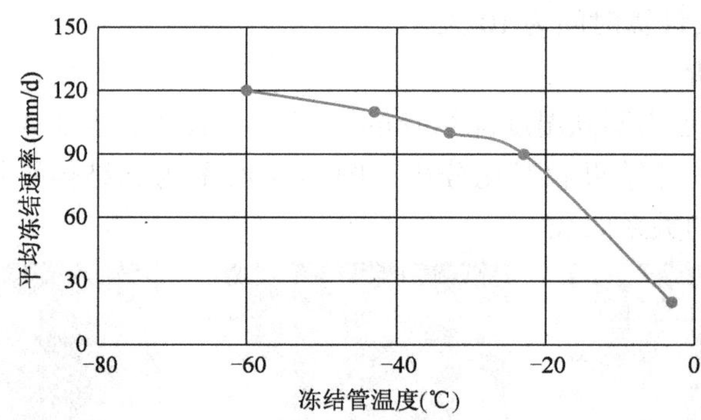

图 3-26 冻结体平均扩展速率与冻结管内温度的关系曲线

由表 3-4 和图 3-26 可以看出：冻结管温度对冻结效率存在较大影响，冻结区域平均扩展速率随冻结管内温度降低而增大；平均冻结速率的增长率随着冻结管温度的降低而减小，即当冻结管温度每降低 20℃，平均冻结速率的增长速率分别为 70mm/(d·℃)、10mm/(d·℃)、10mm/(d·℃)、10mm/(d·℃)，平均冻结速率随温度降低而增大的速率逐渐减小；当冻结管内温度达到

213K(−60℃)时,冻结效率并不会显著增加,因此需要综合考虑现场施工需求及经济效益,选取最佳匹配方案完成土体冻结过程。

3)地下水渗流对冻结效率的影响

(1)计算条件

考虑地下水渗流对冻结效率的影响时,采用渗流场与温度场耦合计算即可;地层渗透特性不会对冻结效率产生影响,故将土体渗透系数统一假定为1m/d,冻结管间距为2m,共计5根,冻结管温度为250K(−23℃)。为了更好地观察温度场分布,设定计算时间100d,然后依次对土层左边界施加 $q = 0\text{m/d}$, $q = 0.1\text{m/d}$, $q = 0.2\text{m/d}$, $q = 0.4\text{m/d}$ 共4种水流入的边界条件。

(2)影响分析

图3-27所示为不同地下水渗流情况下温度分布云图。表3-5为地下水渗流对冻结效率影响规律的计算结果。图3-28所示为温度云图中心截面处温度分布曲线图。

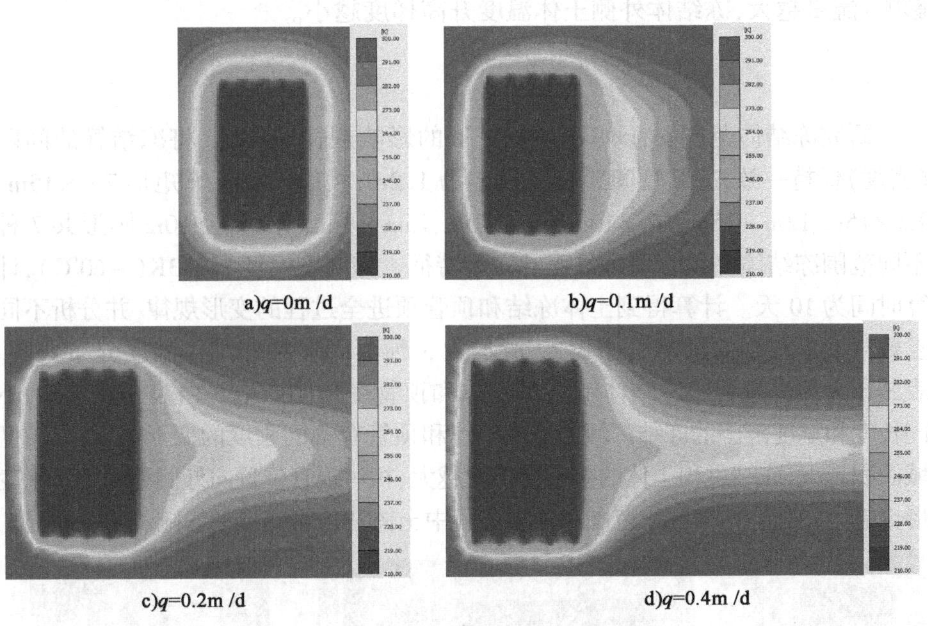

a)q=0m/d b)q=0.1m/d c)q=0.2m/d d)q=0.4m/d

图3-27 不同地下水渗流情况下温度分布云图

冻结管温度对冻结效率的影响规律 表3-5

类型	①	②	③	④
流入量(m/d)	0	0.1	0.2	0.4
冻结体宽度(m)	[−6.4,6.4]	[−5.7,6.8]	[−5.9,7.0]	[−5.9,7.1]

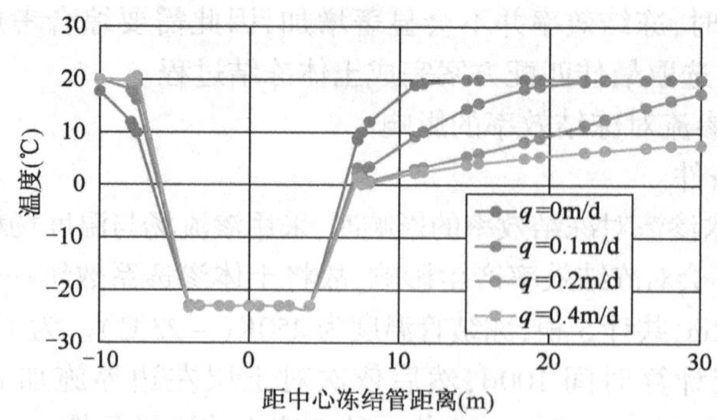

图 3-28　温度云图中心截面温度分布曲线

由表 3-5 及图 3-28 可以看出：地下水渗流对冻结区域（规定温度在 0℃以下为冻结体）没有显著影响，不同流量情况下冻结体宽度基本相同；但是地下水渗流会改变冻结体外温度场的分布，对冻结体外侧土体温度分布梯度产生影响；流量越大，冻结体外侧土体温度升高梯度越小。

3.4.7　冻结体范围的影响

研究冻结体范围对土体和顶管变形的影响规律时，需要将冻结管的间距（密度）保持一致，冻结管间距统一设定为 1.2m，然后依次计算矩形 7m × 15m、9m × 15m、12m × 15m、7m × 10m、9m × 10m、15m × 9m 以及直径 10m 圆形共 7 种不同范围冻结体在顶管顶进过程的变形特征。冻结管温度为 213K（ −60℃），计算时间为 10 天。计算得到土体冻结和顶管顶进全过程的变形规律，并分析不同参数对变形控制的影响。图 3-29 所示为 3 种不同形状冻结体温度分布云图。表 3-6 为顶进过程中冻结体范围对土体和顶管变形的影响。由表 3-6 可知，不同长度和宽度范围的冻结区域会造成土体和顶管有不同程度的变形响应；冻结区域面积越大，冻结过程土体的隆起变形就越大、相对顶管位置向外侧移动的水平变形也越大；然而，冻结区域范围对顶进过程中土体和顶管变形的影响不是很明显。

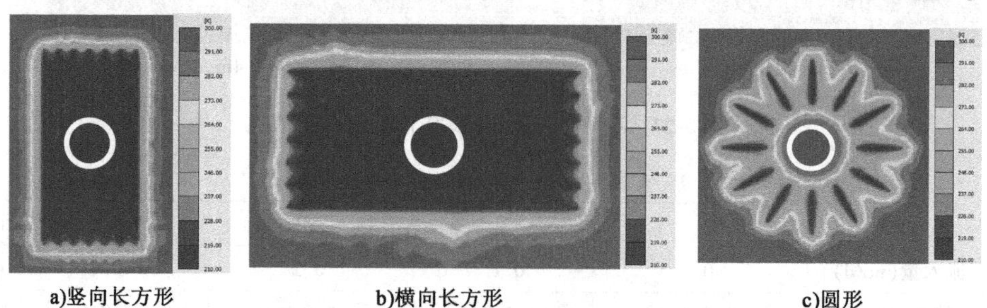

a)竖向长方形　　b)横向长方形　　c)圆形

图 3-29　三种不同形状冻结体温度分布云图

顶进过程中冻结体范围对土体和顶管变形的影响　表 3-6

类型	冻结体参数		冻结过程		顶进过程	
	形状	尺寸（m）	最大竖向位移（mm）	最大水平位移（mm）	顶管上方土体最大位移（mm）	顶管位移（mm）
①	竖向矩形	7×15	230	114	25	14
②		9×15	302	140	33	21
③		12×15	372	146	31	20
④		7×10	210	104	23	13
⑤		9×10	263	116	25	14
⑥	横向矩形	15×9	337	81	30	16
⑦	圆形	ϕ10	233	86	27	21

由表 3-6 可以看出，冻结体范围对土体和顶管变形有着较大影响，不同长度和宽度范围的冻结区域会造成土体和顶管有不同程度的变形响应；冻结区域面积越大，冻结过程土体的最大竖向隆起变形就越大、相对顶管位置向外侧移动的水平变形也越大。顶管顶进过程中，土体和顶管变形在不同冻结区域范围情况下的差异较小，顶进过程阶段顶管最大隆起变形力 21mm，顶管上方土体最大隆起变形为 33mm。

1）顶管直径的影响

分别将顶管直径设置为 2.2m、3.2m、4.2m，顶管中心埋深统一设置为地表下 28m，冻结管间距统一设定为 1.2m，温度为 213K（－60℃），计算时间为 10 天，计算分析这五种情况下土体和隧道变形情况。表 3-7 为顶进过程不同直径顶管情况下土体和顶管的变形结果。

顶进过程中顶管直径对土体和顶管变形的影响　表 3-7

类型	顶管直径（m）	冻结过程		顶进过程	
		最大竖向位移（mm）	最大水平位移（mm）	顶管附近土体最大位移（mm）	顶管位移（mm）
①	2.2	230	114	25	13
②	3.2	232	116	25	14
③	4.2	234	118	23	14

由表 3-7 可以看出，顶管顶进过程中，顶管直径对土体和顶管变形的影响较小。冻结过程土体最大竖向和水平位移分别为 234mm 和 118mm，顶进过程中顶管附近土体和顶管的最大位移量分别为 25mm 和 14mm。

2)顶管埋深的影响

分别将顶管中心深度设置为地下 12m、20m、28m、36m、44m,顶管直径取 3.2m,顶管中心埋深统一设置为地表下 28m,冻结管间距统一设定为 1.2m,冻结管长度为 10m,温度为 213K(-60℃),计算分析这五种情况下的土体和隧道变形情况。表 3-8 为顶进过程不同埋深顶管情况下土体和顶管的变形结果。

顶进过程中顶管埋深对土体和顶管变形的影响　　表 3-8

类型	顶管埋深(m)	冻结过程		顶进过程	
		最大竖向位移(mm)	最大水平位移(mm)	顶管附近土体最大位移(mm)	顶管位移(mm)
①	12	170	52	15	0
②	20	170	80	13	7
③	28	210	104	23	13
④	36	148	102	19	3
⑤	44	114	63	12	2

由表 3-8 可以看出,顶管埋深对顶进过程中土体最大隆起量和顶管变形有较大影响,二者均随着顶管埋深增加先增大、后减小,当顶管埋深很浅(12m)或很深(44m)时,全过程的土体和顶管位移量均很小;当顶管埋深处于 25m 附近时,应对土体和顶管的变形进行控制以保证施工的安全进行。

3.5 大直径曲线钢顶管轴线控制施工技术

顶管在复杂地层条件下顶进,一方面会因地层条件不均匀或者受力偏心导致顶管轴线发生偏转,另一方面曲线顶管可以绕过地下既有管线、桩基、孤石等障碍,减少折线顶进需增加的工作井数量,曲线顶管已经广泛应用于顶管工程中。

3.5.1 承插式钢顶管施工

钢筋混凝土顶管通常看作刚性管,顶管本身不可能发生弯曲变形,但因其壁厚较厚,一般采用承插式接口,通过接口预留间隙使其允许产生一定的相对转动,并配合相应的管节长度形成管节折线,最终实现不同曲率半径下的曲线顶进,如图 3-30a)所示。上海市污水治理二期工程采用内径为 2.4m 的承插式接头钢筋混凝土顶管,曲线段顶管单节管长度为 1.5m,最小曲率半径(R)达到 156.7m,约为外径的 54 倍。上海雪野路电力电缆隧道工程采用直径为 3.0m的 F 型钢承口接头钢筋混凝土顶管,曲线段顶管单节管长度为 1.5m,

最小曲率半径(R)达到134.5m,是目前国内文献记载的大直径钢筋混凝土顶管达到的最小曲率半径。承插式接口可以很好地适应不同管径的钢筋混凝土顶管曲线顶进要求,解决了大直径钢筋混凝土顶管的急曲线顶进问题。

早期钢顶管通常采用焊接接头,如图3-30b)所示,先将后续管节接头与前一管节进行焊接处理,再继续顶进管节。由于钢管本身可承受一定的变形,一般曲线钢顶管完全依靠钢管本身的有限变形来实现。依据钢结构中允许挠度可达跨度的1/300,《顶管规程》规定焊接钢顶管允许最小曲率半径至少应达到管道外直径的1260倍,即外直径1.0m的焊接钢顶管最小曲率半径需达到1260m,不仅大大增加了顶进距离,而且施工阶段曲线钢顶管外侧长期受拉内侧受压,产生的内应力对顶进施工过程中的焊接接头和钢顶管本身均产生不利影响,容易造成钢顶管的拉裂和失稳事故,且内应力的影响将持续到使用阶段。由于焊接式接头的钢顶管在曲线顶进具有局限性,尤其影响大直径钢顶管的曲线顶进,参照钢筋混凝土顶管的承插式接头,设计了适用于钢顶管的承插式接头,如图3-31所示。顶进施工前不在管节间进行焊接,而是通过接头允许范围内的相对转动,使钢顶管管节间实现轴线偏转,最终在不主要依靠钢顶管管节本身变形的条件下达到钢顶管曲线顶进的目的。通过控制管节长度,使用承插式接头的大直径钢顶管比使用焊接接头的钢顶管,曲率半径可以大幅减小。

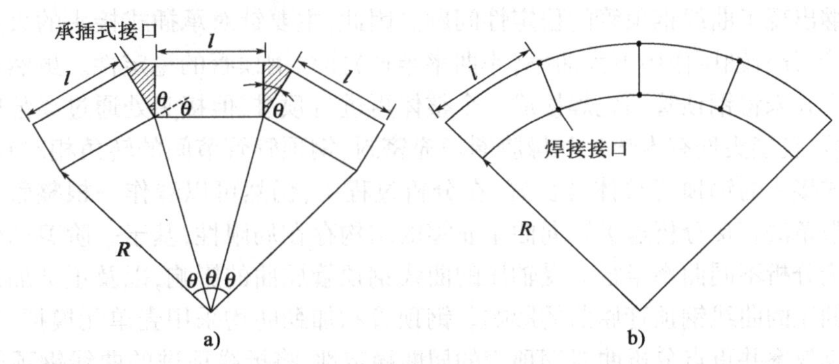

图3-30 曲线顶管示意图

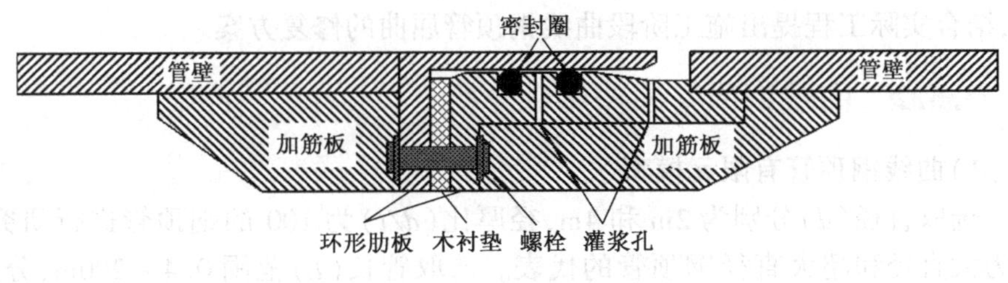

图3-31 钢顶管承插式接头

某工程采用外径为3.668m的承插式接头钢顶管,分南北两线顶管段,曲线段顶管单节管长度为5.213m,北线最小曲率半径为882m,南线最小曲率半径为892m,根据实际采用的承插式接头尺寸和曲线段顶管单节管长度,理论最小曲率半径可达427m。该工程如设计为焊接接头的曲线钢顶管,根据规范最小曲率半径应为约4622m。某水厂支线工程采用外径为1.432m的承插式接头钢顶管,曲线段顶管单节管长度为3.0m,北侧1号钢顶管最小曲率半径618.4m,南侧2号钢顶管最小曲率半径621.6m,是目前国内文献记载的大直径曲线钢顶管达到的最小曲率半径。

曲线钢顶管顶进造成的轴向偏心顶力会加剧钢顶管的结构稳定性风险。焊接接头的曲线钢顶管因其结构和受力特点,可看作轴压作用下有一定内应力的曲管,但其曲率半径通常较大。承插式接头的曲线钢顶管,虽然没有在管间焊接固定,但管间相对位移量级依然很小,由于地基的约束作用,在顶进时具有较好的传力性和整体性,因此对承插式接头的曲线钢顶管稳定性分析可以看作是没有内应力受轴压的曲管,但曲率半径可以大大减小。

钢顶管的承插式接头是随着曲线顶管技术的发展,近几年才开始用于实际工程。这项技术使钢顶管可以实现更大曲率(更小曲率半径)的顶进。但随着曲率增大也增大了曲线钢顶管的稳定性风险,加之顶管直径的不断增大,工程中相继出现了曲线钢顶管的稳定性问题。因此,主要针对承插式接头的大直径钢顶管,分析轴压作用下大曲率(小曲率半径)曲线钢顶管的稳定性。虽然承插式接头并未将钢顶管预先焊接成一个整体再进行顶进,但接头处通过高强度螺栓连接,且接头处有木垫片和橡胶圈填充密封,钢顶管管节间的转角相对较小,承插式接头的钢顶管整体性良好,在分析过程中,仍然可以看作一根整管。因为有限条法直接分析这类轴向曲率非零的结构存在局限性,基于一阶剪切变形壳理论分析不同曲率半径对受轴压的曲线钢顶管屈曲的影响,以及正交加劲肋对受轴压的曲线钢顶管屈曲的影响。钢顶管和加劲肋均采用壳单元模拟,为提高计算效率并重点分析曲线钢顶管的屈曲稳定性,将折线顶进的曲线钢顶管简化为等效曲率的曲管,管身没有受弯而产生的内应力,暂不考虑弹性地基的作用,结合实际工程提出施工阶段曲线钢顶管屈曲的修复方案。

3.5.2 曲线钢顶管屈曲参数分析

1)曲线钢顶管有限元模型

选取直径(d)分别为2m和4m,径厚比(d/t)为100的钢顶管进行研究,作为大直径和超大直径钢顶管的代表。选取管长(L)范围0.4~200m,分别代表不同管径钢顶管对应的短管、中长管和长管。通过对全管在X-Z平面进行位移约束加载，分别设定半径为 200m、300m、400m、600m 和 800m 的圆曲线方程，对应直线钢顶管轴向（Z 方向）各点的 X 方向位移值，即得到曲率半径分别为 200m、300m、400m、600m 和 800m 的曲线钢顶管，如图 3-32所示。将所得的曲线钢顶管作为无预应力的曲线钢顶管模型导入有限元分析软件，继续分析曲线钢顶管的屈曲稳定性。设置钢顶管管材为理想弹性材料，杨氏模量（E）为 210GPa，泊松比（v）为 0.3。定义无量纲化屈曲荷载反映屈曲荷载的变化规律。

图 3-32　曲线钢顶管有限元模型

2）曲率半径对钢顶管屈曲的影响

图 3-33 所示为直径 2m 的钢顶管在曲率半径分别为 200m、300m、400m、600m 和 800m 时的无量纲化轴压屈曲临界荷载，并与直径 2m 的直线钢顶管比较，不同曲率半径的曲线钢顶管轴压屈曲临界荷载比直线钢顶管略有降低，且随着曲率半径的减小而减小，但下降不多。随着长细比（L/ρ）的增大，直线钢顶管和不同曲率半径的曲线钢顶管轴压屈曲临界荷载的变化趋势基本一致。当长细比 $L/\rho < 17$ 时，即钢顶管长度较短时，不同曲率半径的曲线钢顶管轴压屈曲临界荷载较为接近，并与直线钢顶管的轴压屈曲临界荷载相差不大。钢顶管轴压失稳均为局部屈曲模态，钢顶管纵向通常为一个屈曲半波，如图 3-34所示。当长细比 $17 < L/\rho < 36$ 时，即中等长度钢顶管，不同曲率半径的曲线钢顶管轴压屈曲临界荷载较直线钢顶管略有降低，但相差不大。钢顶管轴压失稳均为局部屈曲模态，钢顶管纵向通常为两个屈曲半波，但随着曲率半径减小曲线钢顶管还伴有整体屈曲模态，如图 3-35 所示。当长细比 $L/\rho > 36$ 时，即长钢顶管，不同曲率半径的曲线钢顶管轴压屈曲临界荷载较直线钢顶管

略有降低，但相差不大。钢顶管轴压失稳基本为整体屈曲模态，但曲线钢顶管在中部还伴有局部屈曲模态。随着曲率半径增大，这种局部屈曲模态逐渐消失，其屈曲模态逐渐接近直线钢顶管，如图 3-36 所示。

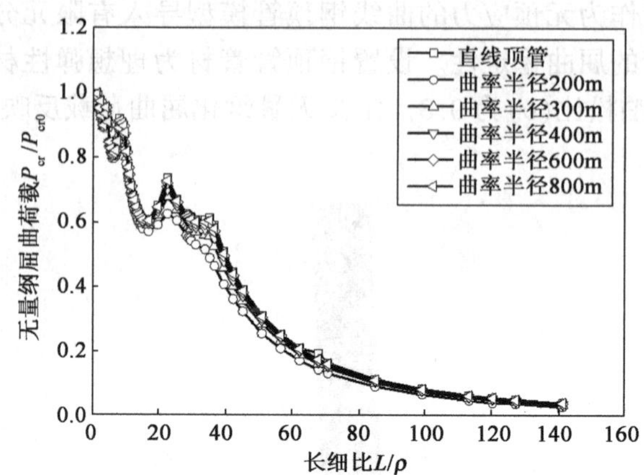

图 3-33　曲线钢顶管的屈曲分析（$d=2\text{m}$）

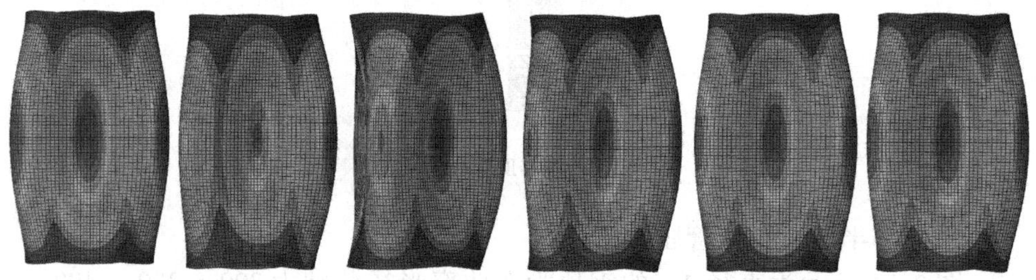

图 3-34　不同曲率的曲线钢顶管屈曲模态（$d=2\text{m}, L/\rho=5.66$）

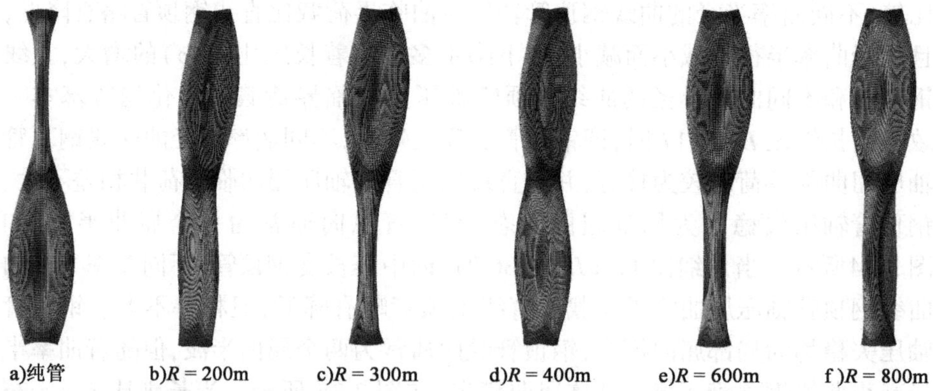

a)纯管　b)$R=200\text{m}$　c)$R=300\text{m}$　d)$R=400\text{m}$　e)$R=600\text{m}$　f)$R=800\text{m}$

图 3-35　不同曲率的曲线钢顶管屈曲模态（$d=2\text{m}, L/\rho=28.28$）

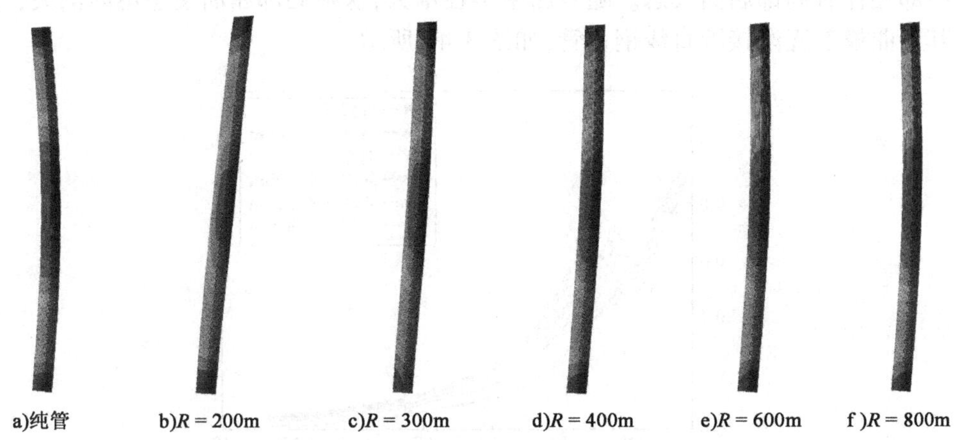

图 3-36 不同曲率的曲线钢顶管屈曲模态($d=2$m,$L/\rho=56.57$)

总体来说,对直径 2m 的钢顶管,随着曲率半径的减小,钢顶管的轴压屈曲临界荷载下降并不显著,且不同曲率半径的曲线钢顶管和直线钢顶管在一阶屈曲模态较为接近,但随着曲率半径减小,曲线钢顶也出现了以局部屈曲模态为主还伴有整体屈曲模态的混合屈曲模态,和以整体屈曲为主并伴有一定程度局部屈曲的混合屈曲模态,因此曲线钢顶管随着曲率半径减小,局部屈曲和整体屈曲没有明显的界限,这种混合模态也将随着曲率半径增大逐渐消失。说明虽然大直径的曲线钢顶管对屈曲临界荷载影响较小,但在一定程度上仍会影响钢顶管的屈曲模态。

图 3-37 所示为直径 4m 的钢顶管在曲率半径分别为 200m、300m、400m、600m 和 800m 时的无量纲化轴压屈曲临界荷载,并与直径 4m 的直线钢顶管比较,不同曲率半径的曲线钢顶管轴压屈曲临界荷载比直线钢顶管出现明显降低,且随着曲率半径减小而减小。随着长细比(L/ρ)的增大,直线钢顶管和不同曲率半径的曲线钢顶管轴压屈曲临界荷载的变化趋势基本一致。当长细比 $L/\rho<36$ 时,即为短管和中等长度钢顶管时,不同曲率半径的曲线钢顶管轴压屈曲临界荷载较直线钢顶管有较大降低,最大降幅达到 49.90%。在长细比(L/ρ)较小时,曲线钢顶管失稳均为局部屈曲模态,与直线钢顶管相似,如图 3-38 所示。在长细比(L/ρ)增大时,虽然曲线钢顶管失稳模态仍以局部屈曲模态为主,但与直线钢顶管出现了较大差异,且随着曲率半径减小曲线钢顶管还伴有整体屈曲模态,如图 3-39 所示。当长细比 $L/\rho>36$ 时,即长钢顶管,不同曲率半径的曲线钢顶管轴压屈曲临界荷载较直线钢顶管降低更为显著,最大降幅超过 90%。钢顶管轴压失稳基本为整体屈曲模态,但曲线钢顶管在

中部还伴有局部屈曲模态。随着曲率半径增大，这种局部屈曲模态逐渐消失，其屈曲模态逐渐接近直线钢顶管，如图 3-40 所示。

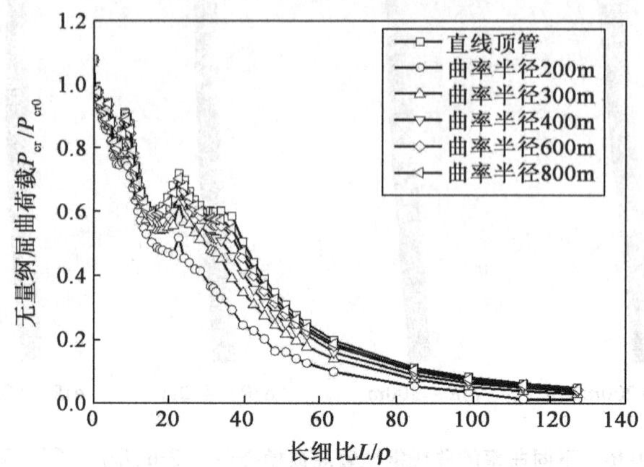

图 3-37　曲线钢顶管的屈曲分析($d=4$m)

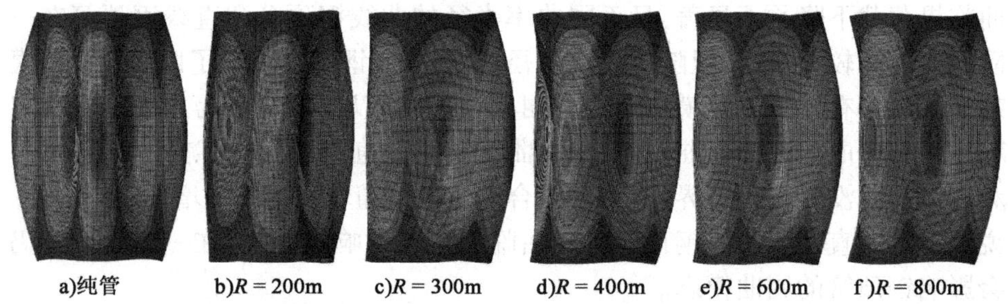

图 3-38　不同曲率的曲线钢顶管屈曲模态($d=4$m,$L/\rho=5.66$)

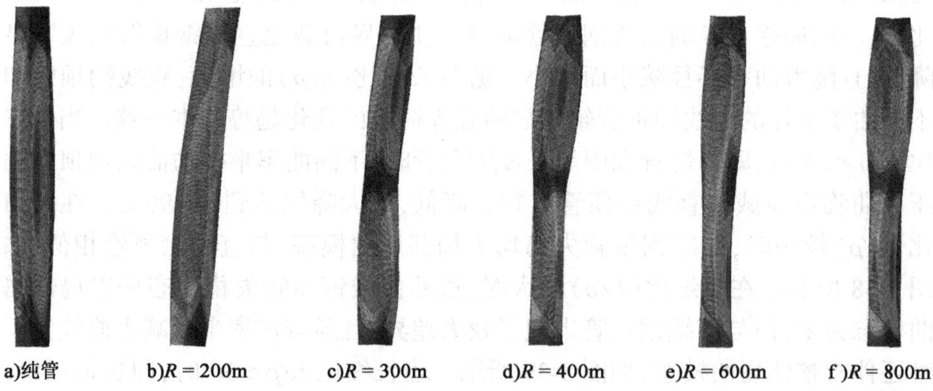

图 3-39　不同曲率的曲线钢顶管屈曲模态($d=4$m,$L/\rho=28.28$)

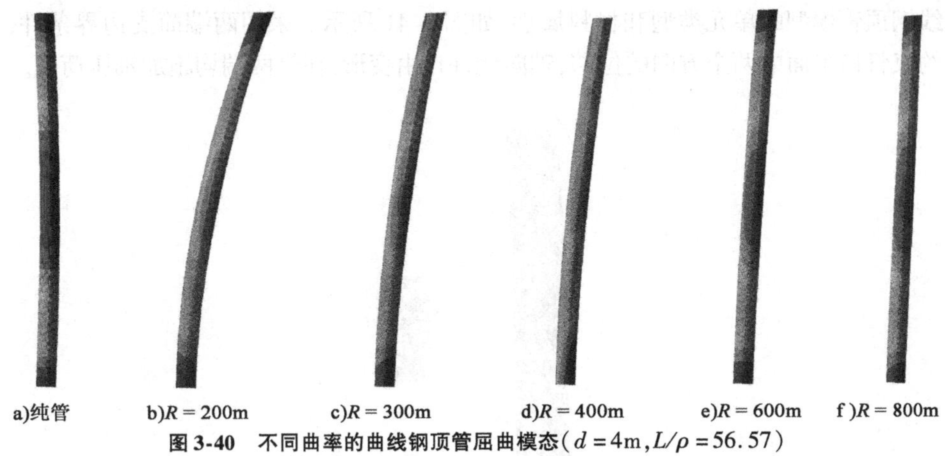

图 3-40　不同曲率的曲线钢顶管屈曲模态($d=4$m,$L/\rho=56.57$)

总体来说,对直径 4m 的钢顶管,随着曲率半径的减小,钢顶管的轴压屈曲临界荷载下降显著。仅在长细比(L/ρ)较小时不同曲率半径的曲线钢顶管和直线钢顶管的一阶屈曲模态较为接近,随着长细比(L/ρ)的增大,曲线钢顶管与直线钢顶管的失稳模态出现了一定差异以局部屈曲模态为主还伴有整体屈曲模态的混合屈曲模态;以整体屈曲为主并伴有一定程度局部屈曲的混合屈曲模态。局部屈曲和整体屈曲没有明显的界限,这种混合模态也将随着曲率半径增大逐渐消失。说明虽然超大直径的曲线钢顶管不仅对屈曲临界荷载影响较大,而且会影响钢顶管的屈曲模态。

3.5.3　正交加肋曲线钢顶管屈曲参数分析

1)正交加肋曲线钢顶管有限元模型

通过对全管在 X-Z 平面进行位移约束加载,分别设定半径为 200m、300m、400m、600m 和 800m 的圆曲线方程,对应直线钢顶管轴向(Z 方向)各点的 X 方向位移值,即得到曲率半径分别为 200m、300m、400m、600m 和 800m 的曲线钢顶管,如图 3-41 所示。将所得的曲线钢顶管作为无预应力的曲线钢顶管模型导入有限元分析软件,继续分析曲线钢顶管的屈曲稳定性。设置钢顶管管材为理想弹性材料,杨氏模量(E)为 210 GPa,泊松比(v)为 0.3。定义无量纲化屈曲荷载(β)反映屈曲荷载的变化规律。

对两组不同管径的钢顶管,分别分析不同管长在 3 组不同环向肋间距 I_s(1m、2m 和 4m)下的工况,研究不同间距的环向肋对正交加肋曲线钢顶管的短管、中长管、长管轴压屈曲临界荷载的影响。

钢顶管和正交加劲肋均按实际尺寸,在有限元中采用四节点壳单元(S4)建立正交加肋的直线钢顶管模型,位移加载后得到的正交加肋曲线钢顶管继承原直线钢顶管模型的单元类型和材料属性，如图 3-41 所示。采用两端简支边界条件，约束管口平面内两个方向的位移，轴向允许自由变形，在管两端均施加轴压荷载。

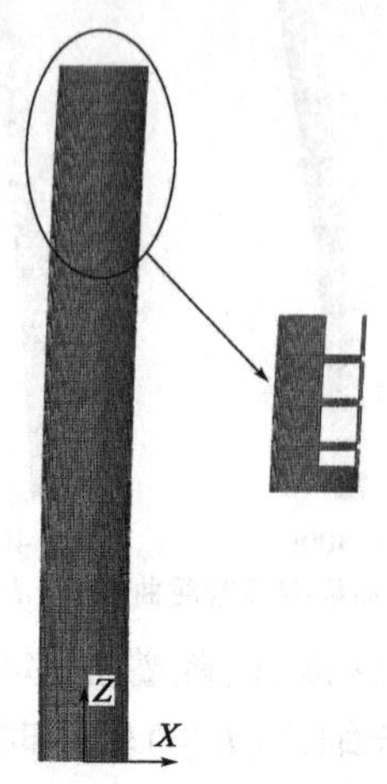

图 3-41　正交加肋曲线钢顶管有限元模型

2）曲率半径对正交加劲钢顶管屈曲的影响

图 3-42 所示为直径 2m，环向肋间距与管径比（I_s/d）分别为 1/2、1 和 2 的正交加劲钢顶管在曲率半径分别为 200m、300m、400m、600m 和 800m 时的无量纲化轴压屈曲临界荷载，并与直径 2m 的正交加肋直线钢顶管比较，直线钢顶管和不同曲率半径的曲线钢顶管轴压屈曲临界荷载的变化趋势基本一致。在长细比（L/ρ）较小时不同曲率半径的曲线钢顶管轴压屈曲临界荷载仅比直线钢顶管略有降低，且随着曲率半径的减小而减小。随着长细比（L/ρ）的增大，不同曲率半径的曲线钢顶管轴压屈曲临界荷载逐渐与直线钢顶管趋于相同。

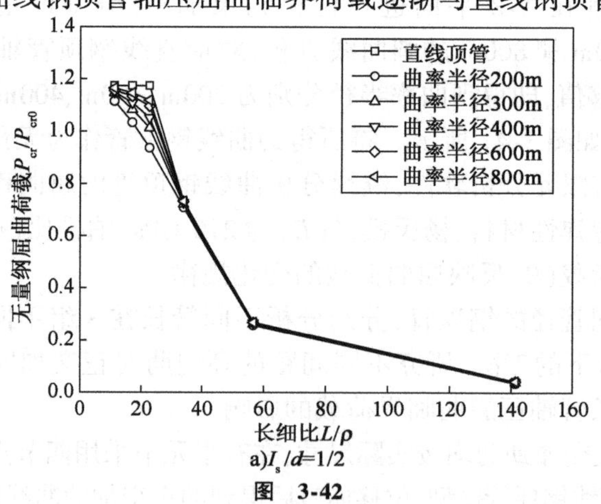

a)I_s/d=1/2

图　3-42

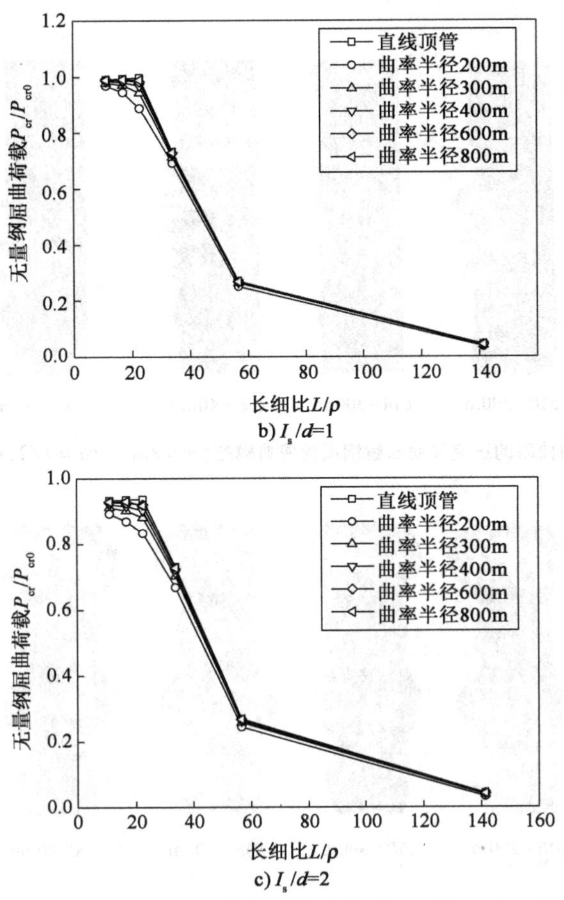

b) I_s/d=1

c) I_s/d=2

图 3-42 正交加劲肋对轴压曲线钢顶管稳定性的影响($d=2$m)

从模态上看,正交加肋的环向肋间距对钢顶管的一阶屈曲模态影响较大。在长细比(L/ρ)较小时,不同曲率半径的钢顶管和直线钢顶管的一阶屈曲模态主要以局部屈曲为主,如图 3-43 ~ 图 3-45 所示。由图 3-43 可见曲率对正交加肋的曲线钢顶管局部屈曲模态影响较大,尽管屈曲临界荷载变化不大,但随着曲率半径的减小,局部屈曲更易发生在弯曲段的内侧,且其模态不具有对称性,而曲率半径越大,则曲线钢顶管一阶屈曲模态越接近于直线钢顶管。随着长细比(L/ρ)的增大,不同曲率半径的钢顶管和直线钢顶管的一阶屈曲模态主要以整体屈曲为主,但随着曲率半径的减小,曲线钢顶管在中部还伴有局部屈曲模态,如图 3-46 ~ 图 3-48 所示,而曲率半径越大,则曲线钢顶管一阶屈曲模态越接近于直线钢顶管。

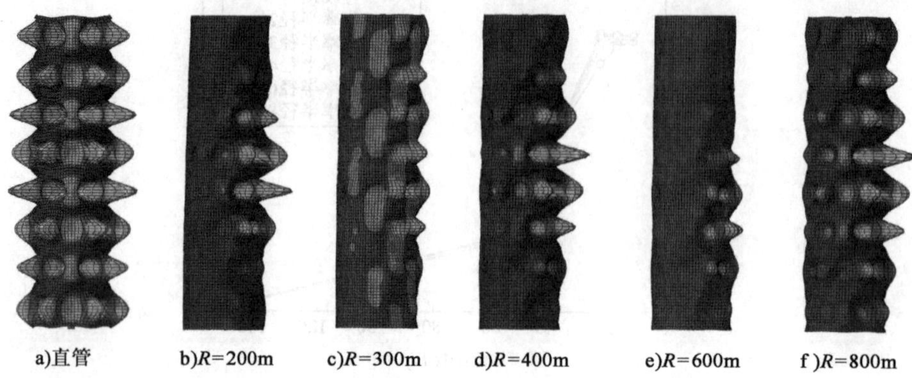

图 3-43　不同曲率的正交加肋曲线钢顶管屈曲模态（$d = 2\text{m}, I_s/d = 1/2, L/\rho = 11.31$）

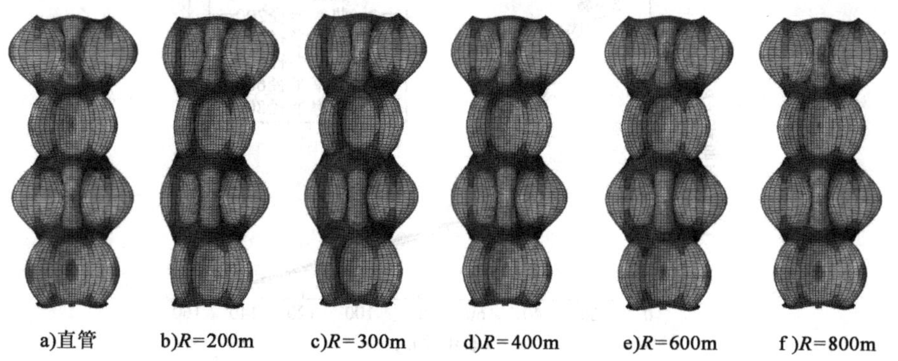

图 3-44　不同曲率的正交加肋曲线钢顶管屈曲模态（$d = 2\text{m}, I_s/d = 1, L/\rho = 11.31$）

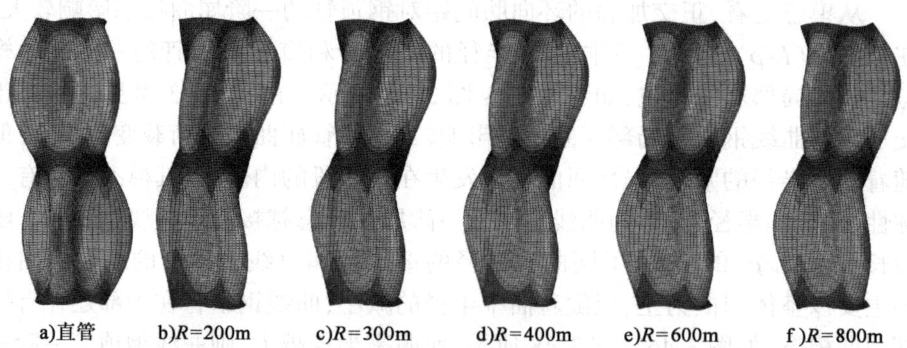

图 3-45　不同曲率的正交加肋曲线钢顶管屈曲模态（$d = 2\text{m}, I_s/d = 2, L/\rho = 11.31$）

a)直管　b)R=200m　c)R=300m　d)R=400m　e)R=600m　f)R=800m

图 3-46　不同曲率的正交加肋曲线钢顶管屈曲模态（$d=2\text{m}, I_s/d=1/2, L/\rho=33.94$）

a)直管　b)R=200m　c)R=300m　d)R=400m　e)R=600m　f)R=800m

图 3-47　不同曲率的正交加肋曲线钢顶管屈曲模态（$d=2\text{m}, I_s/d=1, L/\rho=33.94$）

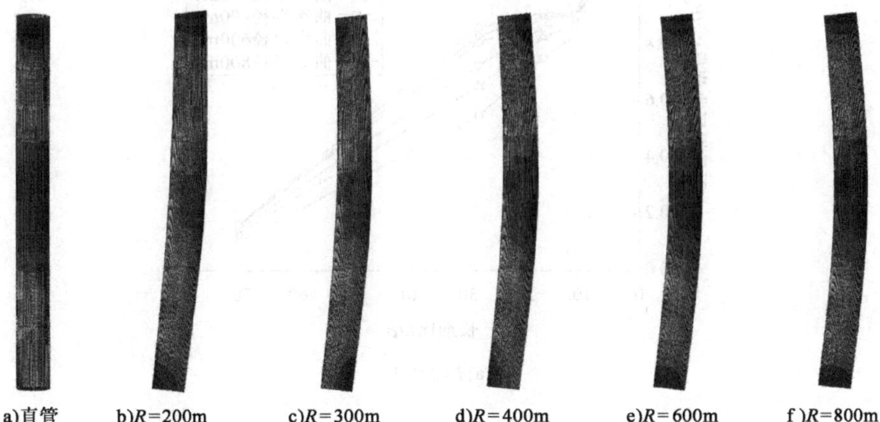

a)直管　b)R=200m　c)R=300m　d)R=400m　e)R=600m　f)R=800m

图 3-48　不同曲率的正交加肋曲线钢顶管屈曲模态（$d=2\text{m}, I_s/d=2, L/\rho=33.94$）

总体来说，对直径 2m 的钢顶管，随着曲率半径的减小，钢顶管的轴压屈曲临界荷载相较正交加肋的直线钢顶管下降并不显著，仅在长细比（L/ρ）较小时略有降低，随着长细比（L/ρ）的增大，轴压屈曲临界荷载基本一致，说明正交加劲肋有效增强了大直径曲线钢顶管的稳定性，但正交加劲肋仍会对屈曲模态产生影响。短管在环向肋间距与管径比（I_s/d）和曲率半径较小时，局部屈曲由直管的对称模态变为曲管的弯曲段内侧的屈曲变形，说明正交加劲肋在一定程度上提高了段管的局部刚度。长管在曲率半径较小时，以整体屈曲为主的正交加肋曲线钢顶管并也会伴有一定程度局部屈曲，形成混合屈曲模态，且随着环向肋间距与管径比（I_s/d）减小而消失。说明正交加劲肋在一定程度上提高了长管的整体刚度，但造成结构整体刚度分布不均匀，进而降低了结构的局部稳定性。

图 3-49 所示为直径 4m，环向肋间距与管径比（I_s/d）分别为 1/4、1/2 和 1 的正交加劲钢顶管在曲率半径分别为 200m、300m、400m、600m 和 800m 时的无量纲化轴压屈曲临界荷载，并与直径 4m 的正交加肋直线钢顶管比较，直线钢顶管和不同曲率半径的曲线钢顶管轴压屈曲临界荷载的变化趋势基本一致。在长细比（L/ρ）较小时不同曲率半径的曲线钢顶管轴压屈曲临界荷载仅比直线钢顶管略有降低，且随着曲率半径的减小而减小，但下降不多。随着长细比（L/ρ）的增大，不同曲率半径的曲线钢顶管轴压屈曲临界荷载较直线钢顶管明显降低。

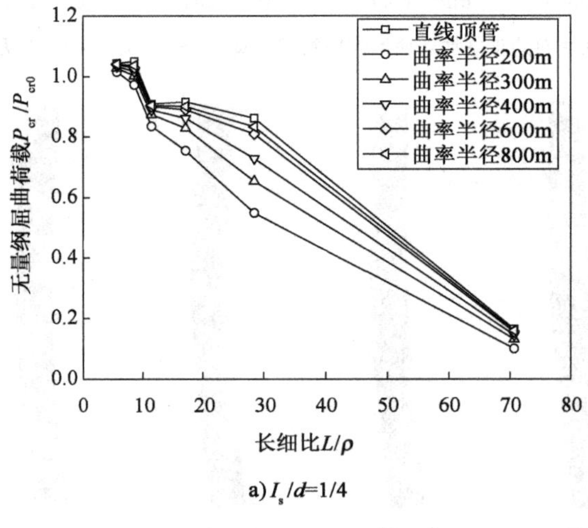

a) I_s/d=1/4

图 3-49

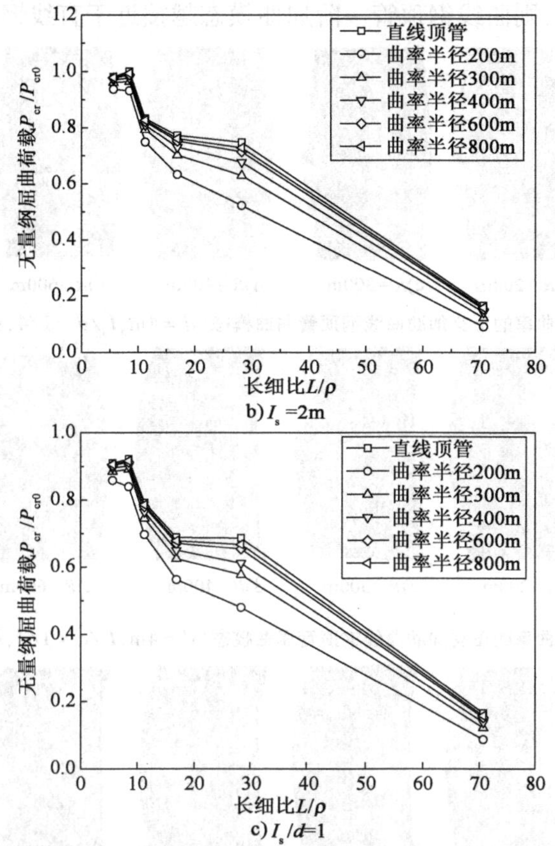

图3-49 正交加劲肋对轴压曲线钢顶管稳定性的影响($d=4$m)

从模态上看,正交加肋的环向肋间距对钢顶管的一阶屈曲模态影响较大。在长细比(L/ρ)较小时,即对短管,不同曲率半径的钢顶管和直线钢顶管的一阶屈曲模态主要以局部屈曲为主,如图3-50～图3-52所示。由图3-50可见曲率对正交加肋的曲线钢顶管局部屈曲模态影响较大,随着曲率半径的减小,局部屈曲更易发生在弯曲段的内侧,且其模态不具有对称性,而曲率半径越大,则曲线钢顶管一阶屈曲模态越接近于直线钢顶管。当长细比(L/ρ)稍大时,即中等长度钢顶管,不同曲率半径的钢顶管和直线钢顶管的一阶屈曲模态仍然以局部屈曲为主,如图3-53～图3-55所示。但随着曲率半径减小曲线钢顶管还伴有整体屈曲模态,直至最后以整体屈曲模态为主,如图3-53b)～d)、图3-54b)和图3-55b)所示;相反随着曲率半径增大,曲线钢顶管一阶屈曲模态更接近于直线钢顶管。当长细比(L/ρ)继续增大,即对长管,不同曲率半径的钢顶管和直线钢顶管的一阶屈曲模态主要以整体屈曲为主,但随着曲率半径的减小,曲线钢顶管在中部还伴有局部屈曲模态,如图3-56～图3-58所示;

而曲率半径越大，则曲线钢顶管一阶屈曲模态越接近于直线钢顶管。

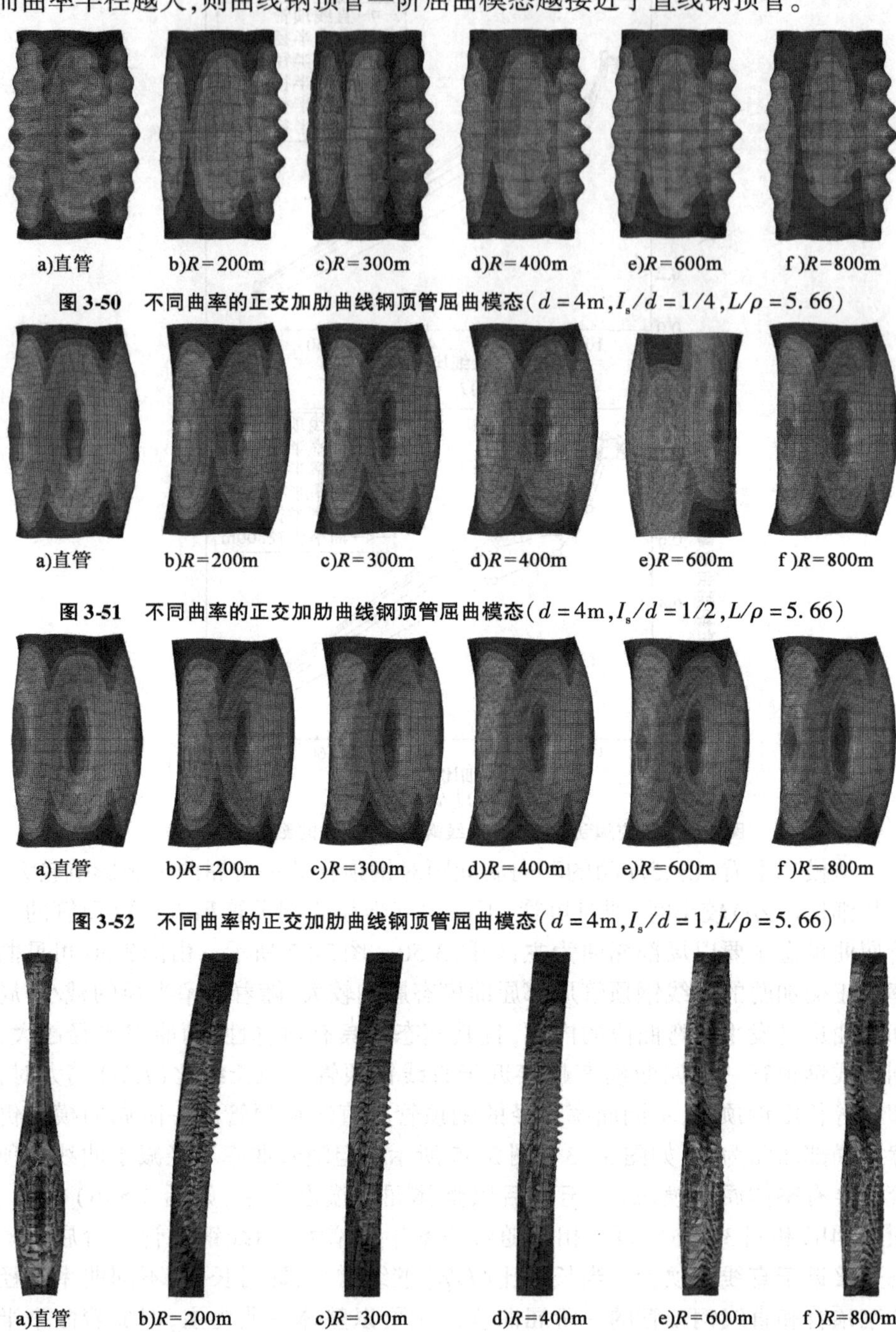

a)直管　b)R=200m　c)R=300m　d)R=400m　e)R=600m　f)R=800m

图 3-50　不同曲率的正交加肋曲线钢顶管屈曲模态（$d=4\text{m},I_s/d=1/4,L/\rho=5.66$）

a)直管　b)R=200m　c)R=300m　d)R=400m　e)R=600m　f)R=800m

图 3-51　不同曲率的正交加肋曲线钢顶管屈曲模态（$d=4\text{m},I_s/d=1/2,L/\rho=5.66$）

a)直管　b)R=200m　c)R=300m　d)R=400m　e)R=600m　f)R=800m

图 3-52　不同曲率的正交加肋曲线钢顶管屈曲模态（$d=4\text{m},I_s/d=1,L/\rho=5.66$）

a)直管　b)R=200m　c)R=300m　d)R=400m　e)R=600m　f)R=800m

图 3-53　不同曲率的正交加肋曲线钢顶管屈曲模态（$d=4\text{m},I_s/d=1/4,L/\rho=28.28$）

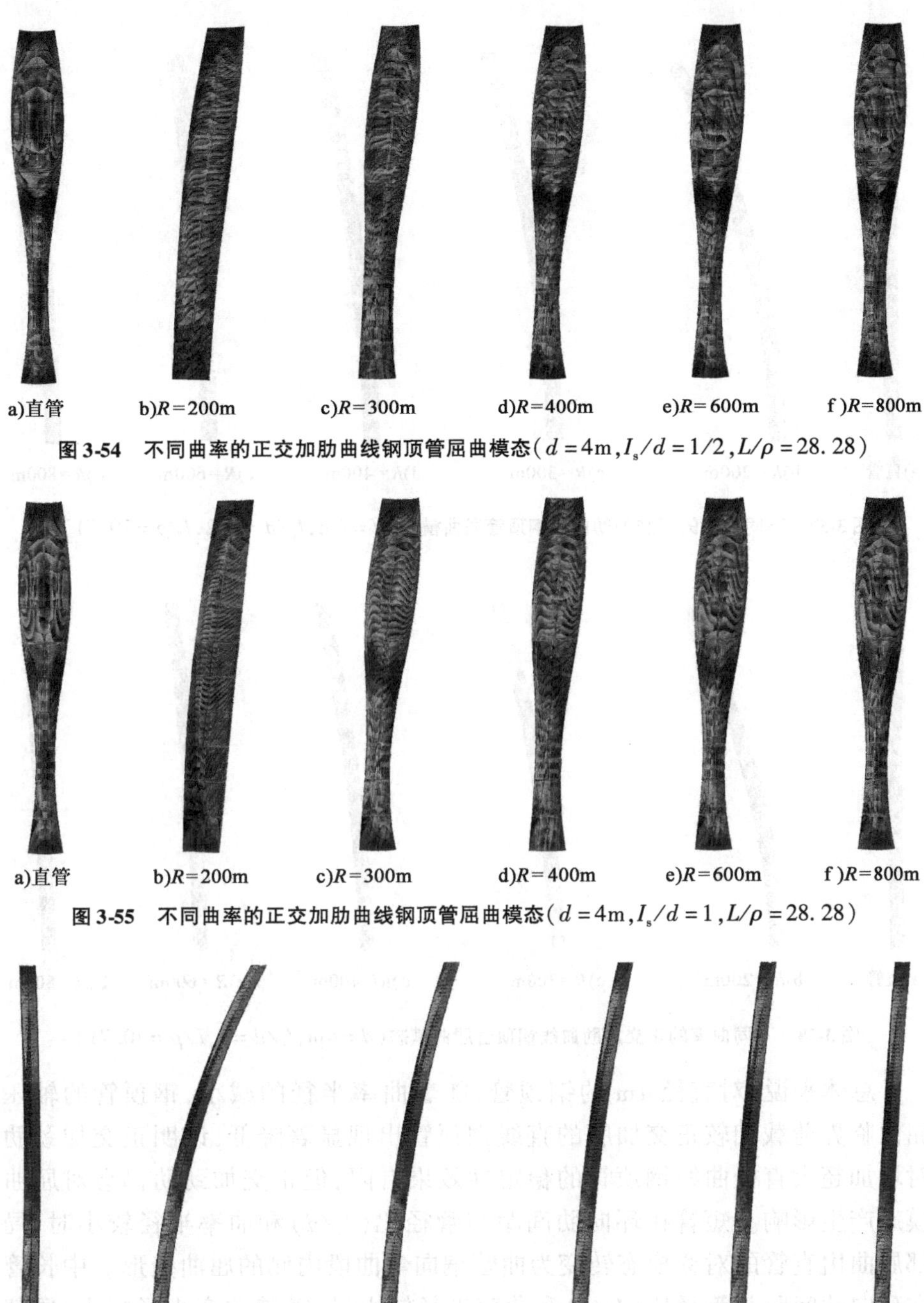

图 3-54 不同曲率的正交加肋曲线钢顶管屈曲模态（$d=4\mathrm{m}, I_s/d=1/2, L/\rho=28.28$）

图 3-55 不同曲率的正交加肋曲线钢顶管屈曲模态（$d=4\mathrm{m}, I_s/d=1, L/\rho=28.28$）

图 3-56 不同曲率的正交加肋曲线钢顶管屈曲模态（$d=4\mathrm{m}, I_s/d=1/4, L/\rho=70.71$）

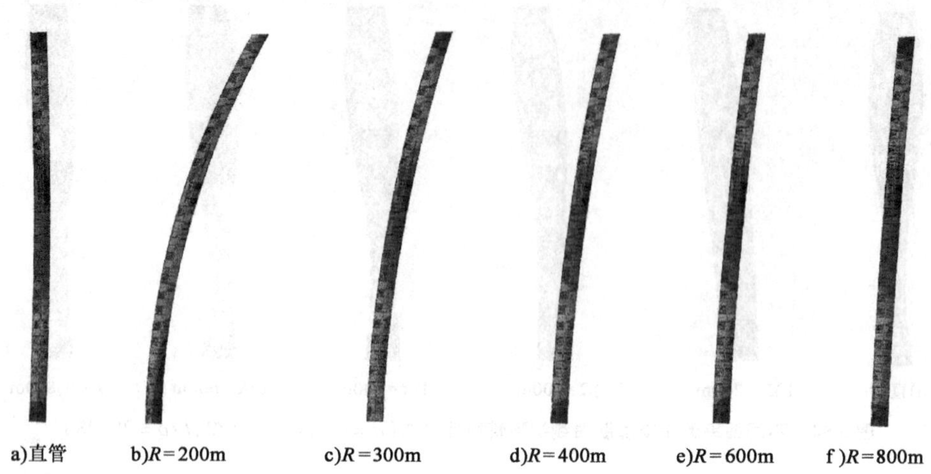

图 3-57　不同曲率的正交加肋曲线钢顶管屈曲模态($d=4\text{m}, I_s/d=1/2, L/\rho=70.71$)

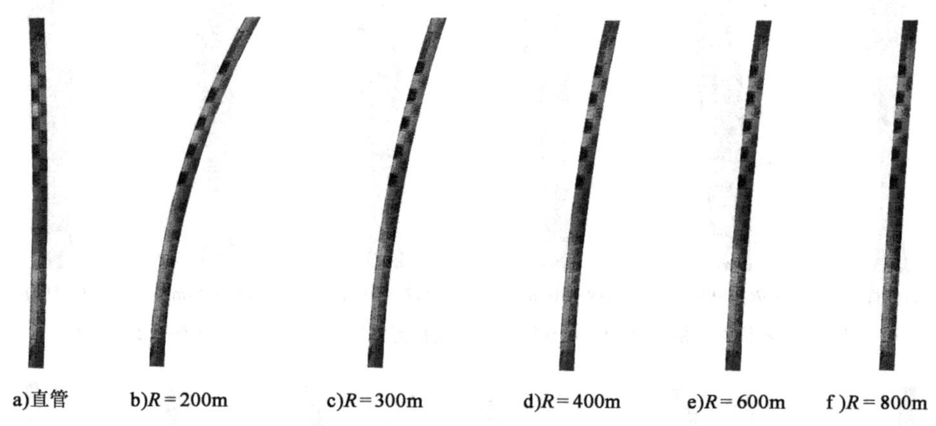

图 3-58　不同曲率的正交加肋曲线钢顶管屈曲模态($d=4\text{m}, I_s/d=1, L/\rho=70.71$)

总体来说,对直径 4m 的钢顶管,随着曲率半径的减小,钢顶管的轴压屈曲临界荷载相较正交加肋的直线钢顶管出现显著降低,说明正交加劲肋对增加超大直径曲线钢顶管的稳定性效果有限,但正交加劲肋仍会对屈曲模态产生影响。短管在环向肋间距与管径比(I_s/d)和曲率半径较小时,局部屈曲由直管的对称模态转变为曲管偏向弯曲段内侧的屈曲变形。中长管在环向肋间距与管径比(I_s/d)和曲率半径较小时,随着曲率半径减小,局部屈曲逐渐转变为整体屈曲,说明正交加劲肋虽然提高了中长管的局部刚度,但造成结构整体刚度分布不均匀,进而降低了结构的整体稳定性。长管在环向肋间距与管径比(l_s/d)和曲率半径较小时,以整体屈曲为主的正交加肋曲线钢顶管会伴有一定程度局部屈曲,形成混合屈曲模态,且随着环向肋间距与管径比(l_s/d)减小而消失。说明正交加劲肋在一定程度上提高了长管的整体刚度,但造成结构整体刚度分布不均匀,进而降低了结构的局部稳定性。

3.6 超长距离顶进测量技术

近几年的工程实践中发现,对于超长距离的顶管工程而言,机头位置的控制是保证顶管施工质量的关键。目前,我国针对地下工程的测量大多采用传统的人工测量方法。由于人工测量效率低下,人为误差大等因素,极大地制约了顶管施工质量的提高。

目前,对于顶管施工过程中机头位置的测量的原则是"勤测勤纠",但是由于传统的人工测量效率低下,测量人员需要从地面的控制点将坐标导入到工作井内,随后再导入至机头。采用人员测量的过程中,顶管顶进作业必须暂停,否则施工会扰动测量数据的准确性。原则上,每顶进一个管节,就要进行一次测量。然而,在实际现场中,施工进度紧张,往往达不到一环一测的要求。而且,对于曲线顶管管道,全站仪等测量设备因无法通视,因此需要在中间架设测站,而这样便大大提高了测量的误差。

随着自动化技术的不断发展,各种新型的高精度自动化测量仪器及高精度传感器的出现,使得顶管施工测量的自动化成为了可能。自动导向系统,就是一种集测量技术、仪器仪表和计算机软硬件技术于一体,具备对顶管施工姿态进行动态测量的系统。其中硬件部分负责获取数据,与之配套的软件部分则负责处理数据,并反馈给控制人员,使之对实时信息做出相应反映,从而控制顶管机的前进方向。

3.6.1 自动测量技术概述

超长距离顶进自动测量技术由自动驱动全站仪、计算机、棱镜及其他辅助产品组成。利用自动驱动全站仪的坐标测量功能实时控制顶管方向;利用全站仪三角高程测量功能实时控制管道高程,以保持管道的设计坡度;利用便携式计算机及软件获取实时测量数据,绘出偏差轨迹,实时显示当前里程与机头中心位置。

通过控制伺服全站仪进行自动转向,通过导线测量的原因自动引导测量至机头,实现机头的快速测量。系统目标为实现机头的快速测量,并能直观展示,指导现场施工,并可通过数据库查询历史测量数据。另外,系统设定了一套异常处理机制,来防止引导测量过程中发生的异常情况。

3.6.2 技术特点

(1)简单上手操作;基于 TPS 指令集,自动化控制无须人工干预。

(2)兼容 Sokkia、Topcon 等伺服全站仪;施工过程自主学习测量;基于 CAD 设计轴线的自动偏差计算;无线数据通信。

(3)准实时数据多维呈现;历史数据查看与过程分析;工程文件管理。

(4)云端接口拓展、远程控制协同、密钥加密权限管理。

3.6.3 作业流程

(1)新建工程

可用于管理不同标段、不同区间的顶进工程,如同一个始发井双向顶进,可开启两项工程同时作业,界面如图 3-59 所示。

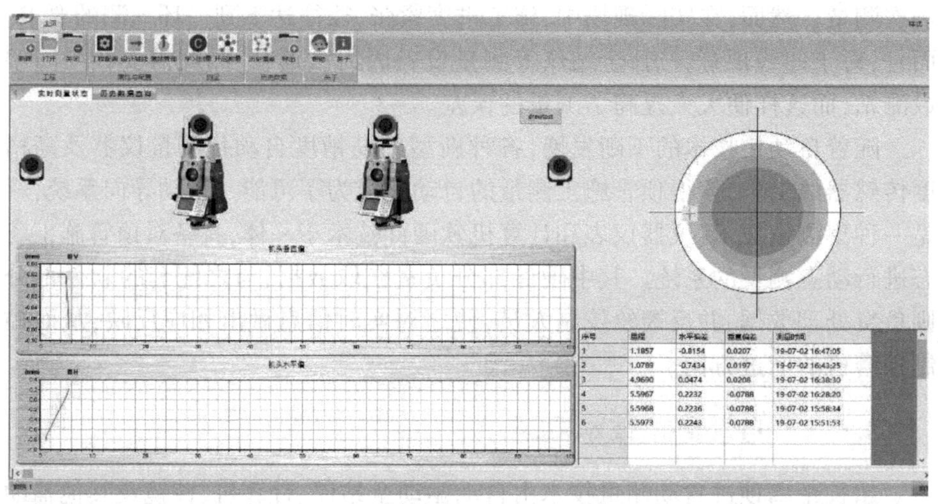

图 3-59　界面示意图

(2)CAD 设计轴线导入与计算

用于计算实际测量坐标与设计轴线的偏差,需要事先进行控制测量,界面如图 3-60所示。

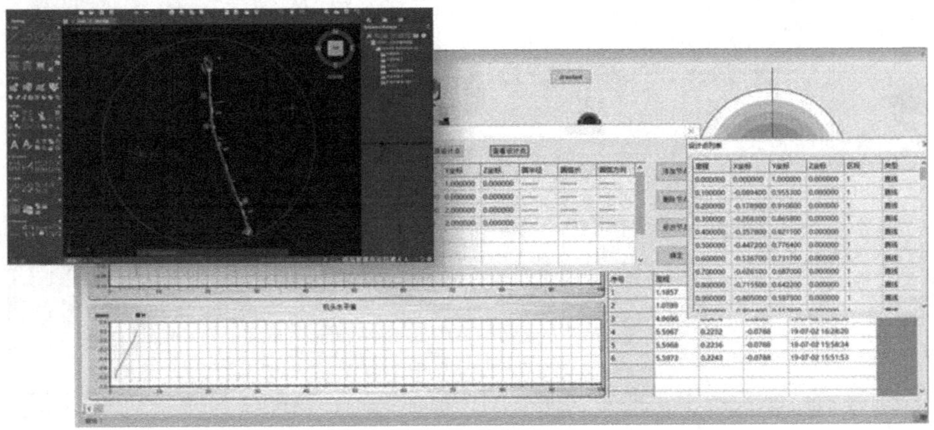

图 3-60　CAD 数据导入

(3)全站仪连接与配置

安装配置好全站仪,并进行远程通信测试,界面如图 3-61 所示。

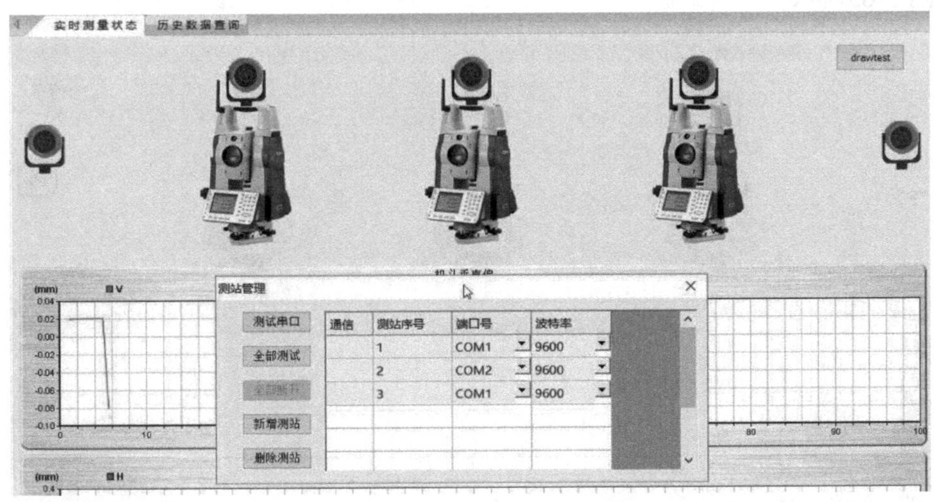

图 3-61　连接全站仪

(4)学习测量

第一次进行自动测量之前,需人工学习测量一次,赋予系统学习值,之后即可脱离人工进行测量,界面如图 3-62 所示。

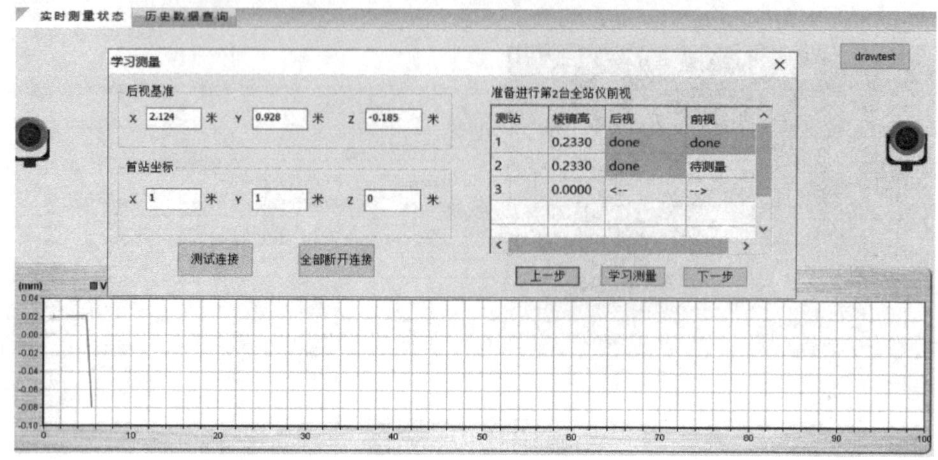

图 3-62　学习测量界面

(5)自动引导测量与数据展示

学习测量过后可开始进行自动引导测量,3 测站的测量时间为 2min,测量结果实时在界面中进行呈现,也可通过历史查询查询历史行进轨迹,界面如图 3-63所示。

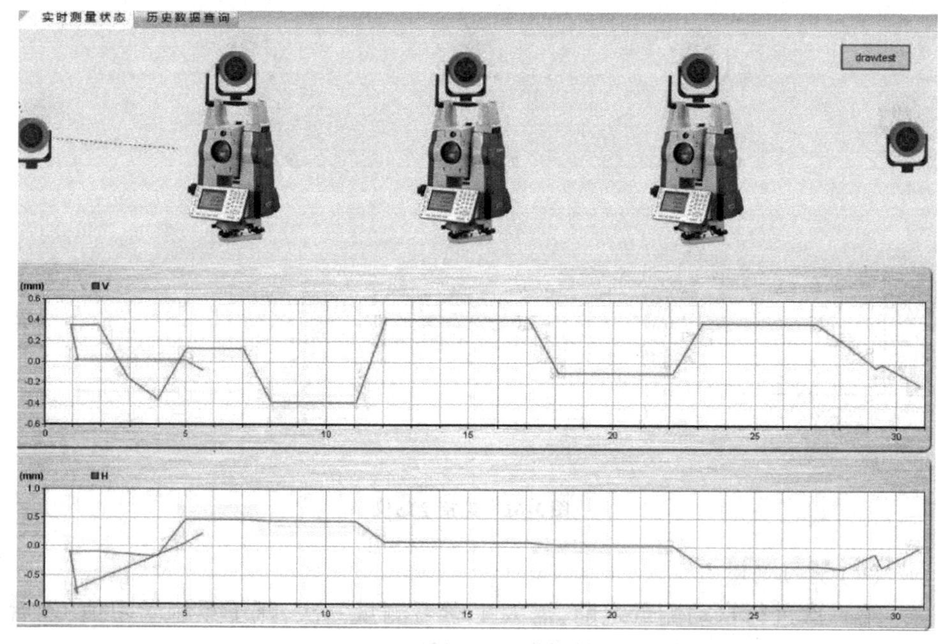

图 3-63　自动引导测量界面

(6)添加测站并重复学习测量

当施工轴线进入复杂线形导致全站仪无法相互通视时,则需要搬动测站或增加测站以进行测量传导,此时需重复3~5步骤,界面如图3-64所示。

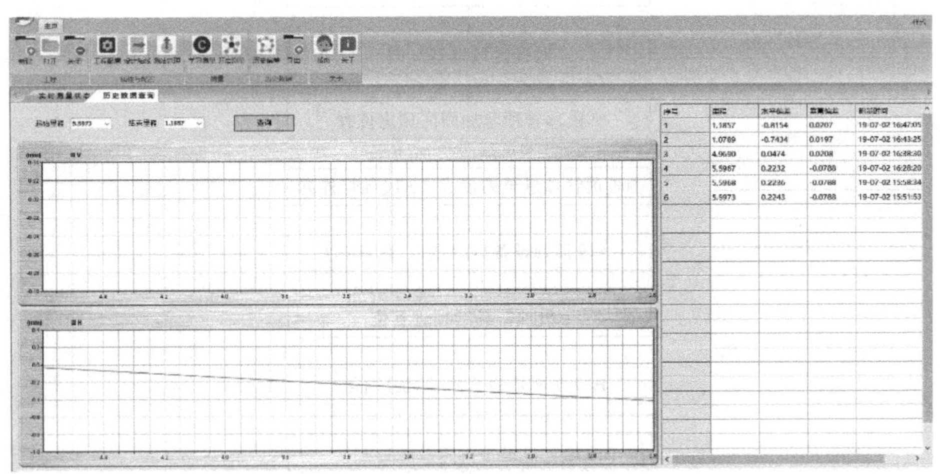

图3-64　重复测量学习界面

3.7　钢顶管地下对接施工技术

顶管地下对接施工是顶管施工工艺的一种创新。地下对接施工基本适用于不同顶管施工工况,并且在隧道长度、线形及管径等方面的适用性更加灵活。顶管施工地下对接施工是在不设中间接收井的情况下,从两端向中间顶进,将2台顶管机外壳作为隧道永久结构进行对接,实现超长距离顶进、大角度转弯、地下障碍物处理或不同管径管道贯通的一种施工方法。钢顶管地下对接施工可以采用土压平衡或泥水平衡顶管机,通过对顶管机外部结构的改造,配合对管道线形和管径进行各种选择和变更,实现不同夹角管道和不同管径管道的直接贯通,也适用于新建管道与既有钢管地下连接钢顶管地下对接施工。适用于淤泥质黏土、黏土、砂性土、粉砂土等多种地质条件。

3.7.1　施工工艺流程

顶管地下对接施工工艺流程如图3-65所示。

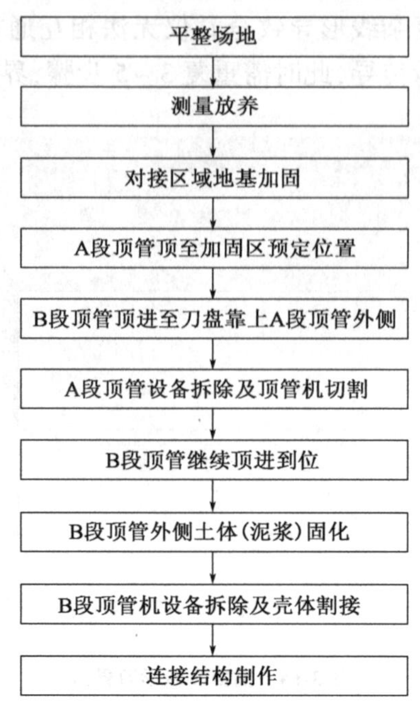

图 3-65　顶管地下对接施工工艺流程图

3.7.2　对接区域土体加固

顶管地下对接可采用高压旋喷桩、水泥搅拌桩、全方位高压喷射(MJS)工法桩等施工工艺进行地基加固。通常建议其中一段(假设为 A)顶管机机头先到达加固区域,为保证对接点部位的准确性,建议对接区域分次进行加固和注浆。

(1)顶管施工前在顶管对接区域进行地基加固,采用高压旋喷桩等施工工艺施工,保证有效搭接量,以及一定的强度和良好的隔水性能,具体控制参数将根据对接区域实际地质情况而定,加固范围以对接点为中心,加固范围通常宜涵盖两台顶管机并外扩 3m。

(2)待 B 段顶管顶进至刀盘靠上 A 段顶管外侧,通过 A 段顶管管节和顶管机预留注浆孔向超挖空隙或扰动区域注入固化浆液,封堵渗漏通道。

(3)B 段顶管进入加固区,为防止顶管机下沉同时为了保证对接的精度,B 段顶管的顶管机宜在进入加固区前做好轴线测量复核,调整好顶管机姿态,进入加固区后,及时根据检测和测量数据调整顶进方向、顶进速度及土压力控制参数等,直至刀盘靠上 A 段顶管的预定对接位置停止顶进。待 A 段顶管完成外侧土体(泥浆)固化止水措施后,可拆除设备,进行顶管机切割后,再将B段顶管顶进至对接位置,对B段顶管外侧土体(泥浆)固化。

3.7.3 机头切割

A段顶管外侧土体(泥浆)固化施工完成后,经测量确定顶管机的沉降或隆起变形收敛,即可拆除顶管机内设备,对A段顶管进行分部切割工作,切割范围为从机头中心部分到机头底部。机头切割时,为防止外部水流入机头,切割空隙采用沙包及时填充。同时采用槽钢进行加固处理,确保安全。

B段顶管继续顶进前,拆除A段顶管切割区的临时加固设施,待B段顶管继续顶进至预定位置后,立即在机头内部对周围土体进行压密注浆,置换或固化周边土体(泥浆),达到封闭止水的作用,保证地下对接处于干燥的环境。

B段顶管机头顶进到位后,即拆除内部设备,设备拆除的次序:电器零部件,保留照明电器和线路;拆除液压系统零部件和纠偏装置;拆除驱动装置;切割和拆除刀盘及其它掘进机附件。拆除完成即进行封闭焊接施工。A、B顶管机机头对接示意如图3-66所示。

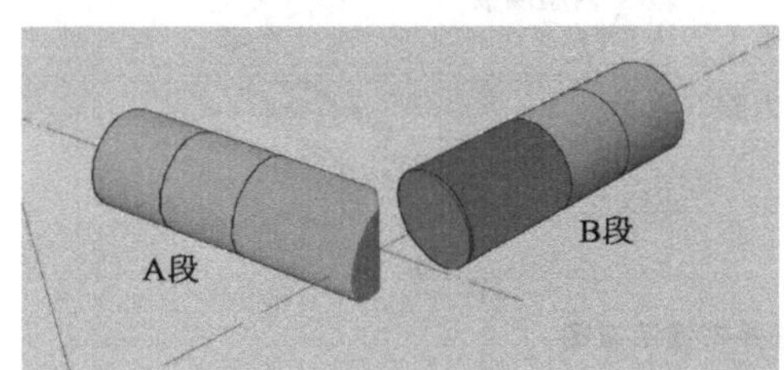

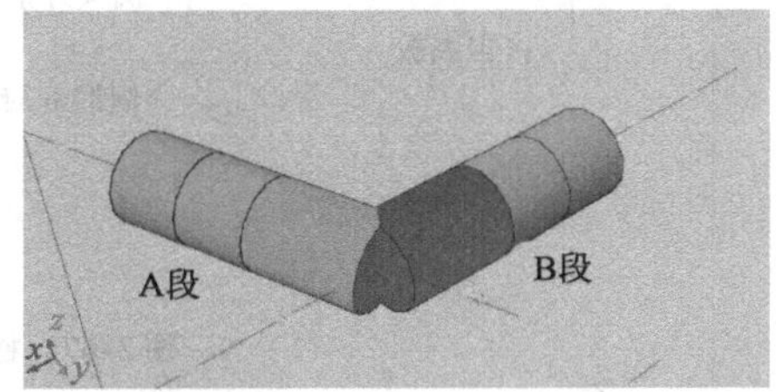

图3-66 A、B顶管机机头对接示意图

3.7.4 机头封闭施工

机头封闭施工分为两部:第一部分为B段顶管机头插入切割机头后,首先割除机头相交机壳的多余部分,进行焊接施工;第二部分是在焊接完成后进行两台顶管机内刀盘及其他设施的拆除,掏出敞口处的土体,采用2cm厚的钢板进行机头封闭。顶管机对接开口处连接钢板分块,并按照“从上到下,自东向西”的连接顺序进行焊接。顶管机对接开口处钢板连接之前,先在连接钢板外侧加5道[20b槽钢骨架,骨架固定完成后再进行开口处钢板焊接。

3.7.5 骑马井内胆制作和混凝土浇筑

根据工程实际情况,如需在顶管对接完成后施工骑马井,应提前对对接区域进行加强结构制作。

(1)根据掘进机的原有的结构尺寸、对接长度预先分段加工内胆弧板,采用1cm厚的钢板,便于就位安装,段与段之间纵缝必须错开。

(2)做好管道内的通风准备工作,按先封闭顶管机外壳缺失部分后往两侧展开,进行可靠焊接。

(3)内胆外侧不配置钢筋,每圈内胆灌注C30混凝土,并预留100mm待浇筑。

(4)设置三个混凝土注入口(图3-67),从两边的混凝土注浆孔灌注混凝土或灌注部分砂浆,直到中间的注入口冒出混凝土或砂浆时,停止灌注,最后焊接封堵住注入口。

(5)内胆内部按设计要求进行防腐处理。

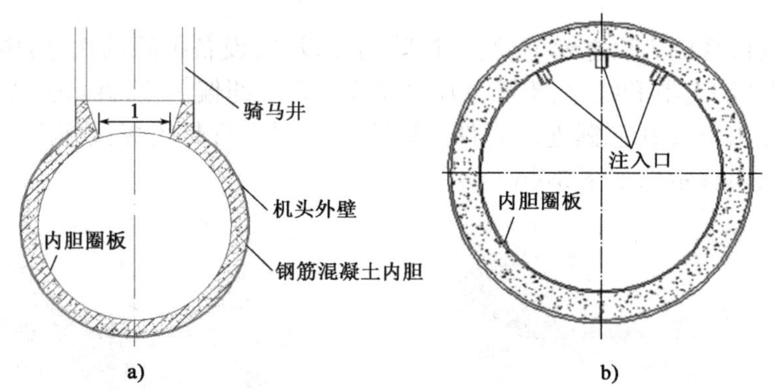

图3-67 检查井布置示意图

3.8 本章小结

(1)高密度膨润土在大直径越江管道中能够发挥特殊功效,但相比于传统浆液而言,也有其自身的缺陷。首先,其掺入膨润土的比例显著增大,因此对膨润土材料的消耗也随之增大,在工程预算上需注意。其次,高密度膨润土并非完全取代传统膨润土的作用,往往是在特定情况下,二者的联合使用,相互弥补自身的不足,从而发挥更好的效用。此外,由于高密度膨润土的流动性差,因此无法像传统膨润土泥浆一样,可以采用长距离的管道系统进行输送。在工程实践中发现,高浓度膨润土浆液在一般泥浆管道中的运输距离不会超过20m,需要将注浆材料和注浆设备运至管内注入口附近,因此注浆效率低,并存在局限性。

(2)通过研发封闭式顶管泥浆搅拌装置、管道内水平电动运输车及马蹄形中继间装置,有效解决了小直径钢顶管内渣土、人员、设备的长距离运输问题,有效降低了施工风险,提高了顶进效率,极大提升了小直径钢顶管长距离施工的整体水平。

(3)将中继间制作方法移植到已顶入地层中的钢管节,利用钢管节改造为中继间的前后壳体,首次创新开发的施工工艺可有效降低管道切割时管道外侧的施工风险,实现了在钢顶管内新增中继间的目的,保障了顶管施工的顺利进行。

(4)针对高水头压力地层中的顶管进出洞施工,冰冻法是一种可靠且有效的止水方式。

(5)基于有限元法分析了曲线钢顶管的结构稳定性问题,通过比较分析不同因素对曲线钢顶管稳定性的影响规律,并做无量纲化处理,阐明了钢顶管在顶进过程中的受力及变化形式,为今后曲线钢顶管工程施工提供了理论依据。

(6)顶管自动测量系统可对实测结果与设计轴线进行比较,并实时显示顶管机中心相对于设计轴线的偏差信息。只需人工对全站仪进行一次完整的测量操作,系统便能自动操作流程、自动搜索前后视控制点,余下的测量过程在计算机的控制下自动运行,无须人工干预。测量一次,需1～3min,显著提高了测量效率和精度。

(7)地下顶管对接技术减少了地面作业面积,实现了因地面空间不满足基坑施工要求时,在无接收井的情况下完成地下顶管的连通。研发的顶管机头对机头120°斜交对接形式是顶管施工领域的一大技术创新,对未来顶管对接技术具有很好借鉴作用。

第 4 章
工程实例

本书所研究各项创新技术广泛应用于各项重大工程中，本章选取 5 个典型工程实例予以介绍。

4.1 青草沙严桥支线工程

4.1.1 工程概况

青草沙水源地原水工程由青草沙水库及取输水泵闸工程、长江过江管工程、输水管线及增压泵站三大主体工程组成，涵盖青草沙水库及取输水泵闸、长兴岛域输水管线、长江原水过江管、五号沟泵站、金海支线、严桥支线、凌桥支线、南汇支线和黄浦江上游引水系统工程改造 9 个子项目，日供水规模 719 万 m^3，总投资约 170 亿元。

青草沙水源地原水工程严桥支线位于上海市浦东新区，是连接五号沟泵站与中心城区各水厂之间的重要输水干线。其输水管线采用 DN3600 钢管双管供水，管道自五号沟泵站接出，沿五洲大道向西、申江路向南、高科中路向西、高科西路向南至严桥泵站，如图 4-1 所示。工程供水规模为 440 万 m^3/d，管道中心间距 7.2m，钢管壁厚 34mm，全线采用顶管施工。

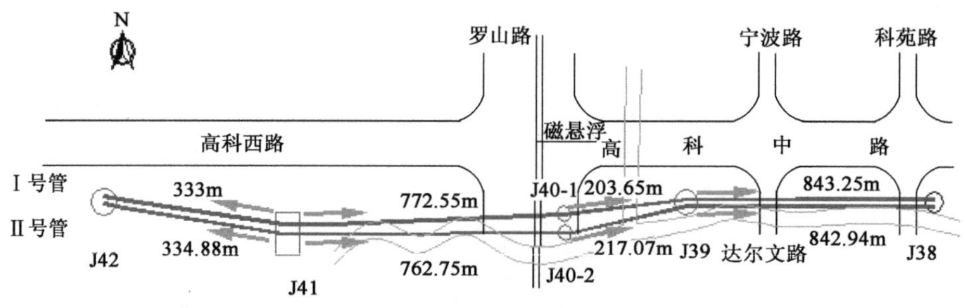

图 4-1　施工总平面示意图

本项目管道自高科中路科苑路J38号到高科西路北蔡镇中心路J42号,采用钢顶管法施工,顶钢管为2根DN3600壁厚34mm钢管,单节钢顶管长6.6m,共有8个顶程,采用大刀盘土压平衡泥水出土顶管法施工,钢顶管总长度4310.09m(Ⅰ号管道长2152.45m,Ⅱ号管道长2157.64m)。钢顶管顶覆土深度10.7~17.37m,因受磁悬浮轨道墩台间距的影响,管道从两跨之间穿越;管道中心间距7.2~26m;一次顶进最长段为843.25m,顶进坡度最大为16.68‰,均为上坡顶进。

顶管施工沿线环境较为复杂,高科西路段穿越较多民房。J41—J40-1、J41—J40-2两段顶管需穿越合流二期DN3500污水管、沉井、磁悬浮轨道交通;J40-1—J39段顶管需穿越220kV电力铁塔、三八河道;J39—J38段顶管需穿越正在建设的张江地区有轨电车,且距离达尔文路桥桥桩较近;顶管穿越罗山路、达尔文路、科苑路路口地下管线较多;管道全线距离河滨较近,且4次穿越S形走向的河道白莲泾。

4.1.2 泥水出土系统设计

泥水出土系统主要由顶管机、螺旋输送机、倾土水槽、沉淀水槽等组成,如图4-2所示。顶管机切削下来的土方通过螺旋输送机输送至倾土水槽,通过搅拌后通过输送管道采用泥水方式输送至地面沉淀水槽,再经过沉淀后排出。清水通过回流管道输送至倾土水槽重复利用。系统结构组成。

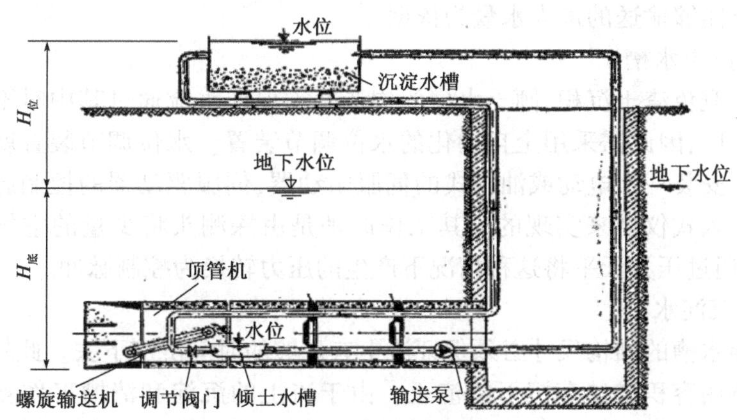

图4-2 泥水出土系统示意图

(1)输送泵

电动机驱动的输送泵位于整个系统的中心点。输送泵提供的输送量,可由输送管道截面与输送流速的乘积算出。

管道中的水的流速必须大到足以带动泥沙前行而不致发生沉积，同时也要限定在一定的范围内。这是因为管道中的阻力是随速度的平方而增大，管道阻力的增大，导致输送泵的功率提高，从而增高能源费用。管道磨损的加剧也将导致折旧费的提高，而且有时还会造成管道在顶管施工中损坏，以致不得不停止推顶来更换管道。

输送泵、传动系统和驱动电动机的功率，都必须根据最大顶管长度条件下的最高扬程以及所要求输送量条件下的泥浆最大重度来设计。这样，当顶进管路未达到最大长度和因倾入废土较少致使泥浆重度未达到最高数值时，就必然造成输入功率过高、输送量过大的现象。为了适应经常变化着的扬程数值 H 及输送流体的重度数值 γ，输送泵采用转速是可变的旋转泵。旋转泵有一个优点是可以通过调节转速来改变扬程。由此，可以通过降低转速来降低扬程，这样功率消耗也随之降低。

(2)管道系统

输送管道的截面尺寸大小，由输送介质的最大粒径 d 决定。输送管道的内径 $D_{内}$ 可按下式选择：

$$5d < D_{内} < 8d \tag{4-1}$$

这时输送管道中输送的是渣土与水混成的泥浆，为避免泥浆在管道中沉积，管道中的液体流速必须相当高。而在回流管道中流动的则是清水，向倾土槽送回的水量，必须刚好等于输送泵抽出的水量，故而回流管道的截面尺寸应以输送泵能够输送的最大水量为依据。

(3)倾土水槽

为了避免渣土沉积，倾土水槽的构造必须保证水流通过其中时不产生旋涡和死水区，因此需采用全自动化的水位调节装置。水位调节装置就是在供水阀门上安装一个电动或油压式的伺服驱动器，伺服驱动器的控制脉冲是利用水泡导入式仪器来实现的。其工作原理是由探测头将少量的空气导入水中，然后通过压力天平将这种情况下产生的压力转换为控制脉冲。

(4)沉淀水槽

沉淀水槽的结构尺寸必须保证渣土有足够的时间沉淀下去。此外也要有足够的备用容积来储存沉下的渣土。由于渣土的沉淀和清槽工作互相干扰(沉淀时要求槽中的水静止，而清槽时却必然要搅动槽中的水)，所以现场设置两个沉淀槽，以便反复交替地使用，其中一个灌入泥浆，另一个则进行清槽。

4.1.3 钢管接头外防腐

钢管接口焊接完成并检验所有焊缝均合格后，进行接口外防腐处理。待接口处防腐检查合格后再进行顶进施工。防腐按“二底、二面”涂装工艺要求施工。

1)防腐材料的性能要求

钢管外壁防腐采用熔结环氧粉末涂层,涂膜厚度不得低于400μm,采用无气喷涂施工。顶管施工现场管子拼装接口及不能采用熔结工艺涂装的管配件采用无溶剂液体环氧防腐涂料,涂层厚度应不低于750μm,其性能应不低于熔结环氧粉末防腐层的标准。涂料应进行性能评定,涂装后30min的附着力、黏结强度、耐磨性指标达到完全固化时的70%以上。

2)施工工艺流程

施工工艺流程:基层处理→施涂底层→涂料二度→施涂二度面涂料。

(1)除锈:除锈采用电动钢丝刷进行,除锈标准应达到《涂覆涂料前钢材表面处理 表面清洁度的目视评定 第1部分:未涂覆过的钢材表面和全面清除原有涂层后的钢材表面的锈蚀等级和处理等级》(GB/T 8923.1—2011)中的Sa2.5级。

(2)涂装:采用漆刷均匀涂刷,涂层厚度必须达到600μm,与原涂层搭接长度不小于100mm。

3)涂层质量检验

(1)涂装后,待管体温度降至环境温度,用尖刀沿管轴线方向在涂层上刻划两条相距10mm的平行线,再刻划两条相距10mm并与前两条线相交30°角的平行线,4条刻划线形成一个平行四边形,要求各条刻线划透涂层,然后把尖刀插入平行四边形各内角的涂层下,施加水平推力,如果涂层成片状剥离,应调整喷涂参数,直至涂层成碎末状剥离为止。检验区应进行层补修。

(2)外观质量检测:目测,涂层表面应平整光滑,不得有明显流淌。

(3)厚度检测:用涂层测厚仪在焊口两侧补口区上、下、左、右位置共8点进行厚度测量。其最小厚度不得小于600μm。

(4)漏点检测:用火花检漏仪,以5V/μm的直流电压对补口区域进行100%检测。

4.2 黄浦江上游水源地连通管工程

4.2.1 工程概况

黄浦江上游水源地连通管工程,包括连通管线、松江泵站及青浦、金山、闵奉三个分水点。工程起自金泽水库出水泵站外 JA-01 井,终到闵奉分水点,线路全长约 42km(不含泵站及分水点内部管道长度),如图 4-3 所示。工程输水规模为 351 万 m^3/d,本标段为连通管 C3 标段,工程自青浦至松江泵站段的 JB-03 井(不含),到 JB-12 井(不含),线路长度 5220.95m,包括 8 眼顶管井(全部为沉井)及 9 个顶进区段。顶管采用 DN4000 钢管,选用大刀盘土压平衡顶管掘进机顶进,泥水出土方式。

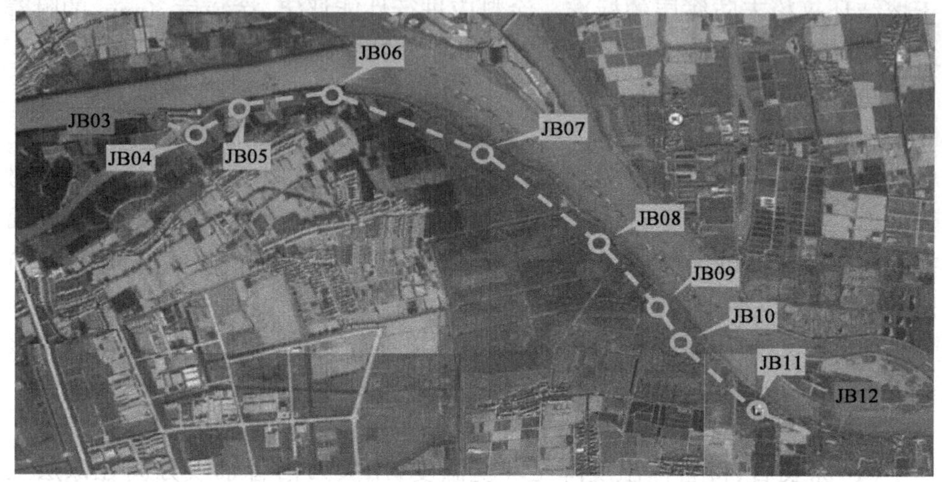

图 4-3　施工总平面图

4.2.2　遇水膨胀土层顶进控制

本项目长距离顶进时穿越遇水膨胀土层,导致侧面摩阻力剧增,顶力过大,无法正常启动顶进。项目部改进注浆材料,通过掺入化学高分子材料,试验调整配合比参数,研发出了新型注浆材料——膏浆,其配合参数见表 4-1。同时,又通过改进注浆措施,降低了管道外摩阻力,实现了主顶系统的顺利启动。

膏浆配合比参数(单位:kg)　　表 4-1

成分	膨润土	纯碱	高分子材料	水
用量	350	5	1.2	780

顶程顶进过程中,通过掺入高分子材料及革新注浆技术,正常顶进时启动和顶进最大顶力不大于 13000kN 和 11000kN,如图 4-4 所示。

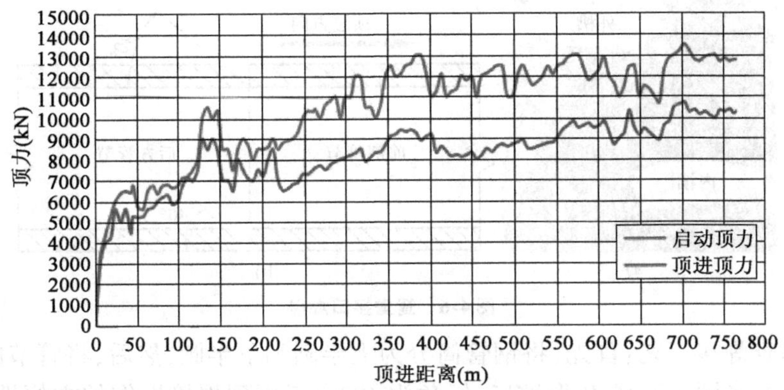

图 4-4 顶管顶进顶力图

通过更改注浆措施,正常顶进时启动和顶进最大摩阻力分别为 $1.1kN/m^2$ 和 $0.9kN/m^2$,如图 4-5 所示。降低了管外摩阻力,保障了工程顺利进行。

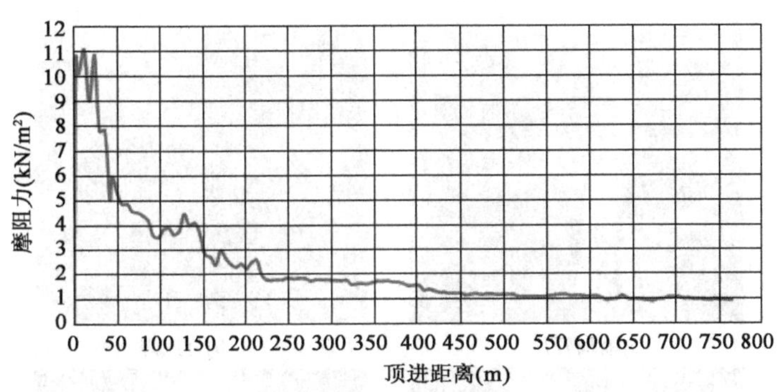

图 4-5 顶进段摩阻力

4.2.3 管节焊接与防腐

通常情况下,钢顶管管节间的连接采用 F 形承插连接或焊接连接两种方式。F 形承插连接通常用于曲线钢顶管和无压钢顶管,而焊接通常用于直线钢顶管和压力钢顶管。本项目中钢顶管壁厚为 38mm 和 40mm 两种,且管径较大,需保持必要的强度和精度,焊接难度大。在实际施工过程中,焊接效率控制着整体的施工效率,新管节焊接时,顶进暂停,如果暂停时间过长,就会造成顶力的显著增加。因此,为了保证焊接质量,缩短焊接时间,方便焊工操作,采用了一种新的焊接方法和工艺——鸳鸯接口焊接,如图 4-6 所示。

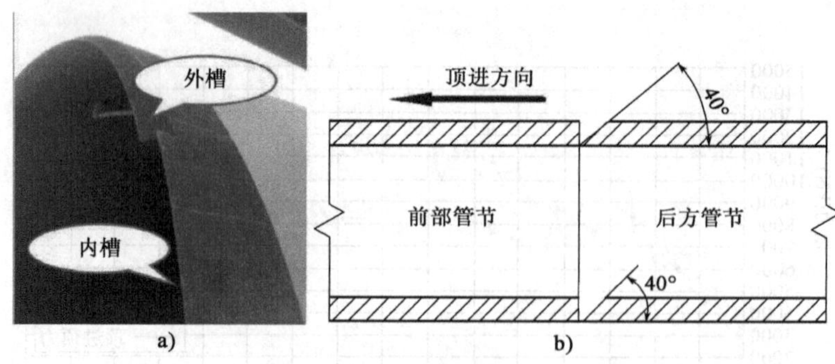

图 4-6　鸳鸯接口焊接

鸳鸯焊接工艺:首先,将钢管筒分为上半圆和下半圆,然后,将管节的端部的上下两半圆各开成 V 形坡口,倾角为 40°。考虑到焊接操作的方便性,上半圆的坡口开在管外,下半圆的坡口开在管内,焊工可以在室内或室外以舒适的身体姿势施焊。采用坡口多层次施焊,一层一层焊接,共施焊 8 层完成一个接口的焊接。焊接的宽度为 7 ~ 58mm。在焊接第一层之前,在焊缝下面铺上一层陶瓷片。焊接流程如图 4-7 所示。

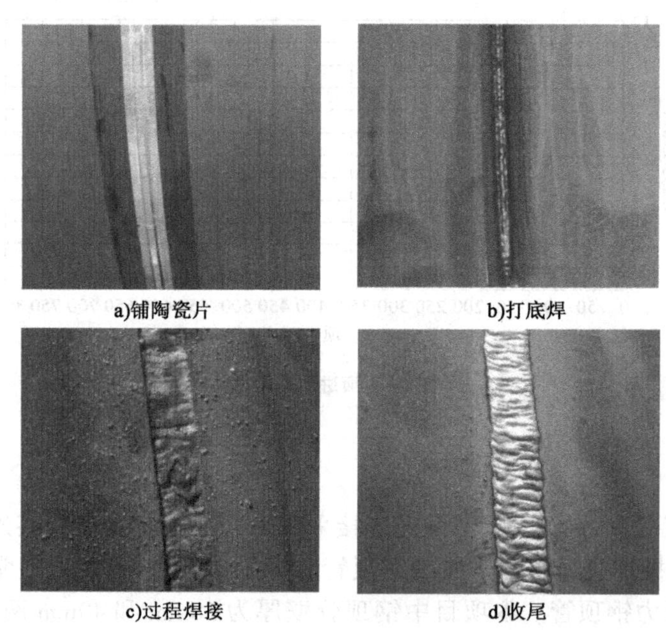

图 4-7　焊接流程

4.2.4　管壁应变自动化监测

为了提高对钢顶管受力性质的认识、进一步探索顶管轴线与管壁应力的相互关系,选取部分实测数据进行分析。通过分析,总结了管壁纵向、环向应变的变化规律,厘清了顶管轴线与纵向应变的相互关系。

本次测试主要包括钢顶管的轴线偏差、顶力变化等施工数据以及管壁轴向和环向应变。应变测试设备均采用振弦式传感器。为了较为详尽地对顶管进行监测,本次测试共布设 9 个监测断面,每个测试横断面分别在 0°、45°、90°、135°、180°、225°、270°和 315°位置布置 8 个纵向应变监测点,分别在同一断面的 0°、90°、180°和 270°位置布置 4 个环向应变监测点,如图 4-8 所示。

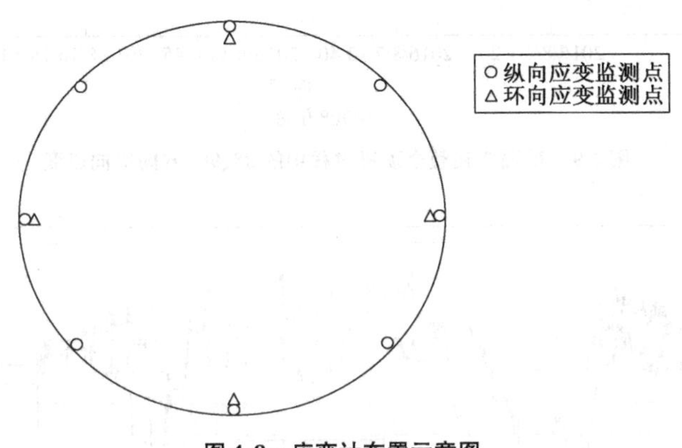

图 4-8 应变计布置示意图

选取一部分有代表性的数据。应变数据的符号为 6 位编排,首位字母 T 表示应变测点,中间 4 位数字分别表示截面编号、角度,最后一位字母表示方向。例如 T7000X,其中数字首位 7 表示是截面 7 的编号;000 表示管顶角度,即管顶为 0°,按顺时针方向递增;末位的 X 表示纵向(Y 表示环向)。应变正值表示受拉,负值表示受压,如图 4-9 ~ 图 4-11 所示。

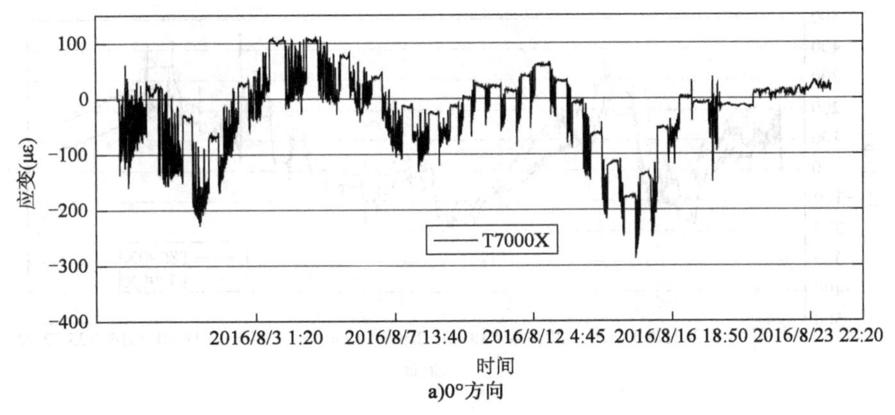

a)0°方向

图 4-9

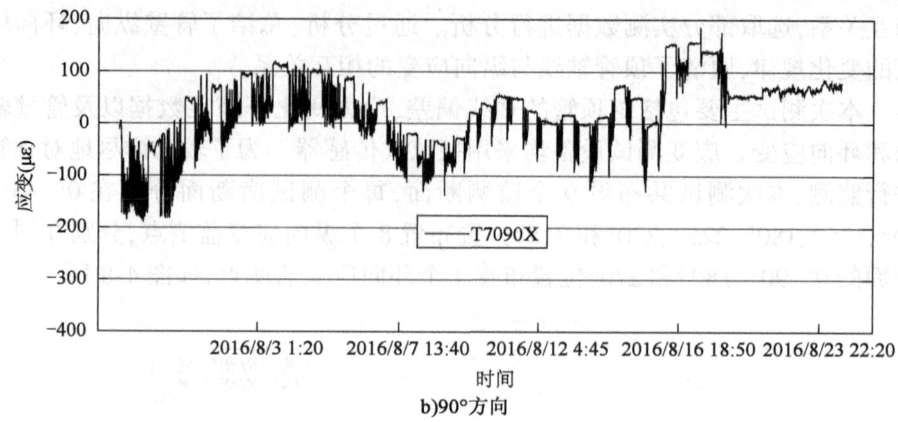

b)90°方向

图 4-9　截面 7 在整个顶进过程中的 0°、90°方向纵向应变

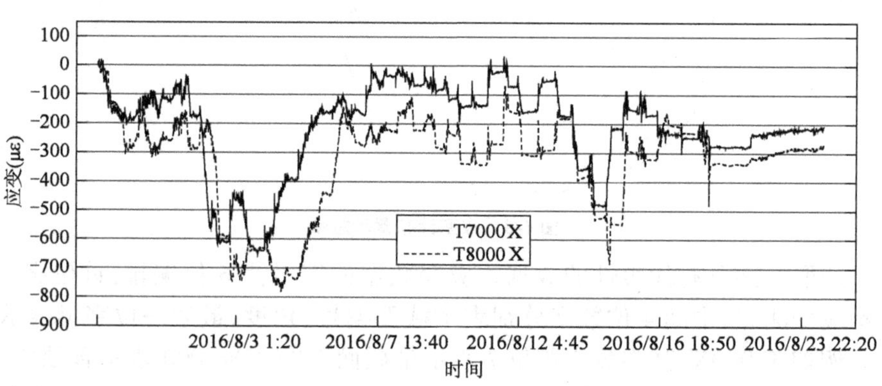

图 4-10　截面 7、截面 9 在整个顶进过程中的 0°方向环向应变

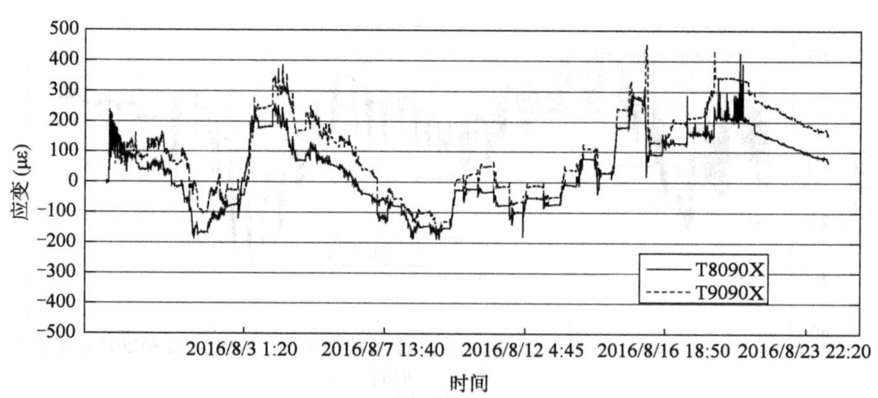

图 4-11　截面 8、截面 9 在整个顶进过程中的 90°方向环向应变

实测数据表明,钢管在顶力作用下,由于轴线高程和平面的偏差,截面上的纵向应力分布不是理想状态下的均匀分布,如图4-12、图4-13所示。由于顶力作用,管壁纵向会产生较大的弯曲应力,在顶力卸去后,该部分弯曲应力逐渐减小,最后产生的弯曲应力与管线整体轴线偏差得到的计算值基本接近。

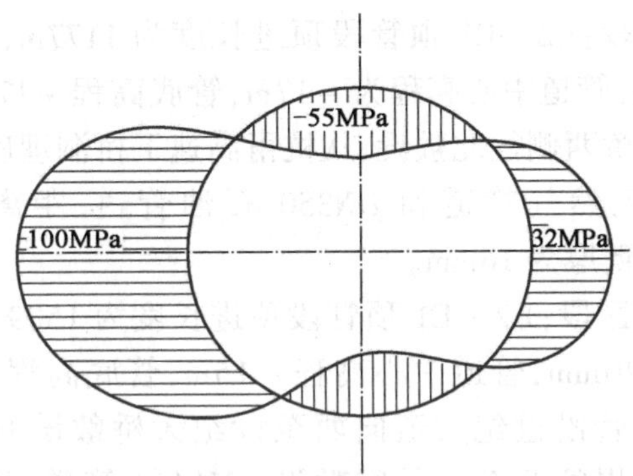

图4-12　截面9在顶管结束后的环向应力分布图

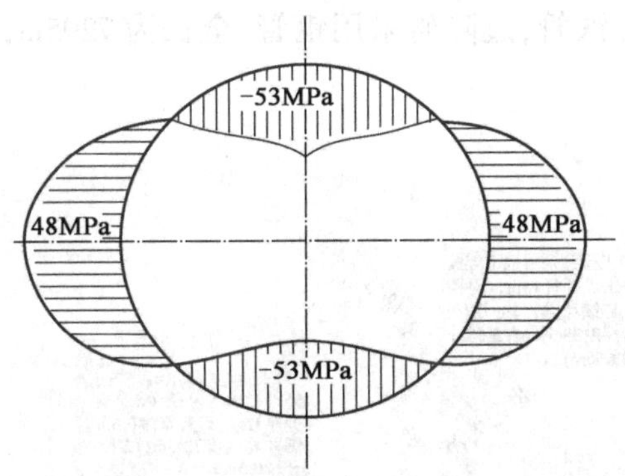

图4-13　截面9按有限元计算得到的应力值

通过本次钢顶管实测数据可以推断,对于常规的顶管工程,为了消除顶力引起的残余纵向应变,一般情况下可在顶管施工完成1周后进行井内合拢。

钢顶管的管周注浆的饱满充分对减小顶管顶力和管周土扰动至关重要,也是影响管道结构安全的重要因素。管道结构在顶进过程和施工完成后均处于安全范围内。通过与实测结果对比,有限元模拟的大部分点位计算值能与实测结果相吻合,是一种预先分析的较好手段,但其不能考虑施工中局部变形引起的应力增大,在深覆土顶管设计时应考虑一定安全余量。

4.3 绍兴城市北部区域供水保障工程

4.3.1 工程概况

绍兴城市北部区域供水保障工程顶管分为袍江顶管段和柯桥滨海工业区段。其中袍江顶管段：E2—E1 顶管段顶进长度为 1177m，管材为 DN1600 钢管，管材壁厚 20mm，管道中心高程为 -17m，管底高程 -17.8m。袍江顶管段开槽埋管沿袍江大桥西侧往北敷设，从杭甬高速下桥洞埋底敷设过高速公路，往北跨越 DN800 天然气管道和 DN350 石油管道，距离为 583m，管材为 DN1600 钢管，管材壁厚为 16mm。

柯桥滨海工业区段：E2—E1 顶管段顶进长度为 1509m，管材为 DN1600 钢管，管材壁厚为 20mm，管道中心高程 -15m，管底高程 -15.8m。柯桥滨海工业区段开槽埋管沿世纪大道向西至世纪大桥敷设 DN1400 管道；从世纪大桥沿曹娥江大堤往北至 1 号闸敷设 DN1400 管道；从启滨路众华路沿启滨路往北至新二路后，沿新二路往西至兴滨路敷设 DN1200 管道。管道材质主要为球墨铸铁管，过障碍采用钢管，全长为 7295m，施工平面如图 4-14 所示。

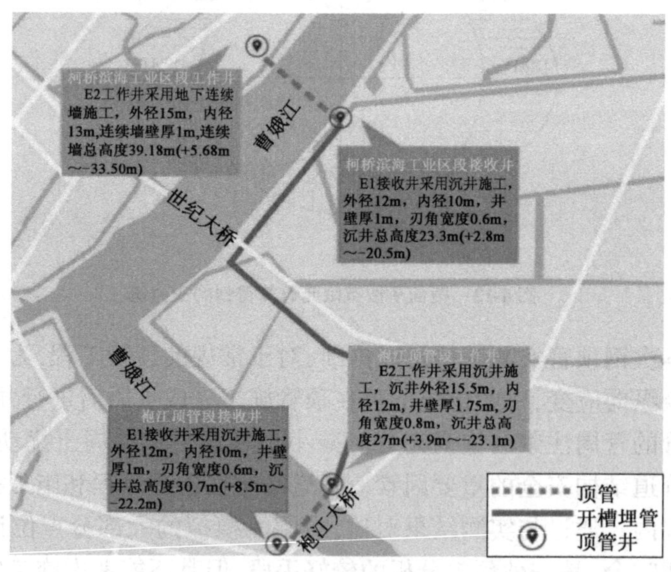

图 4-14　施工总平面图

本工程顶管为 ϕ1600 钢管，顶管段总长度为 2686m，采用“面板式泥水平衡”顶管掘进机进行施工；管材采用 V 形鸳鸯坡口，DN1600 钢管，管节长度为 8m，管节覆土深度 7.4～26.65m，顶管 2 次穿越曹娥江，4 次穿越曹娥江防汛墙。

袍江段过江顶管沿袍江大桥西侧自北向南顶进，由位于曹娥江北侧 E2 工作井始发→途经曹娥江北岸陆域段（$L=264$m）→穿越曹娥江南北两侧江堤（$L=563$m）→途经曹娥江南岸陆域段（$L=350$m）→到达曹娥江南侧 E1 接收井，如图 4-15 所示。

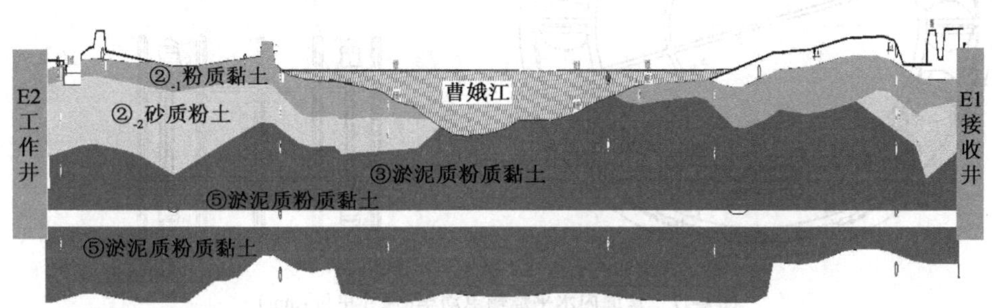

图 4-15 袍江段剖面示意图

滨江段过江顶管自西向东顶进，由位于河道里的 E2 工作井始发→穿越曹娥江东西两侧江堤，曹娥江江底覆土最浅处 7m→途经曹娥江右岸陆域段（$L=125$m）→到达位于曹娥江右岸 1 号闸附近的 E1 接收井，剖面如图 4-16 所示。

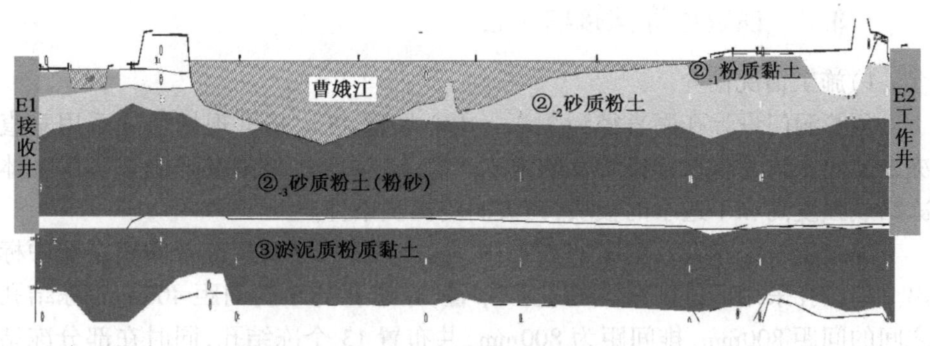

图 4-16 滨海段剖面示意图

4.3.2 管道水平运输

考虑此项工程顶管直径小、通过性差、顶距长，管内水平运输及人员进出难度大，故在此工程上选用两台无级变速水平运输电动车作为水平运输工具（图4-17），可有效降低人员的劳动强度，提高施工效率。管道内水平运输电动车主要参数见表4-2。

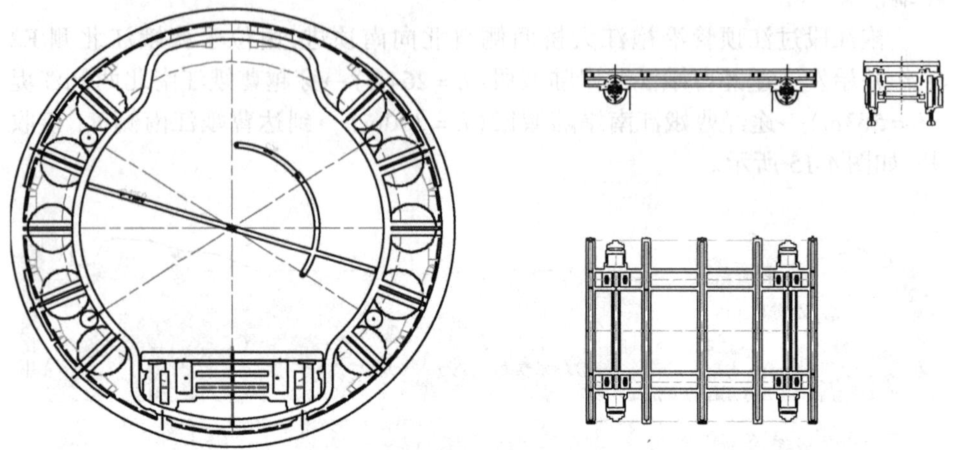

图4-17 管道内水平运输电动车（尺寸单位：mm）

管道内水平运输电动车主要参数表 表4-2

尺寸规格（长×宽×高）	续航时间(h)	载重(kg)	行驶速度(m/s)
2000mm×650mm×300mm	8	1000	2.80

4.3.3 顶管冰冻法接收工艺

1）施工情况简介

顶管洞门设计孔洞直径为3.2m，中心埋深28m，根据现场情况采用垂直冻结加固土体配合顶管机始发的施工工艺，使顶管机外围及开洞口范围土体冻结成强度高和不透水的板块，为破洞门提供条件。

冻结管平面布置及剖面如图4-18所示，具体冻结管尺寸及间距在图中标出。冻结孔采用两排冻结孔梅花形布置，冻结孔与结构间距400mm，冻结孔之间的间距800mm，排间距为800mm，共布置13个冻结孔，同时在部分冻结管上部外侧敷设保温层，所有冻结器内供液管均采用双供液管。冻结系统出口温度维持在－60～－80℃，通过在冻结壁及冻结壁两侧各1m范围内的隧道内部敷设冷冻排管及50mm厚保温层，尽可能隔绝冻结范围内隧道管片与外界的热交换，控制出口温度和加强冻结效果同时，顶管施工完成后土体采用自然回冻方式进行融化,冻土逐渐失去承载力,整个化冻时间大约相当于冻结的时间。

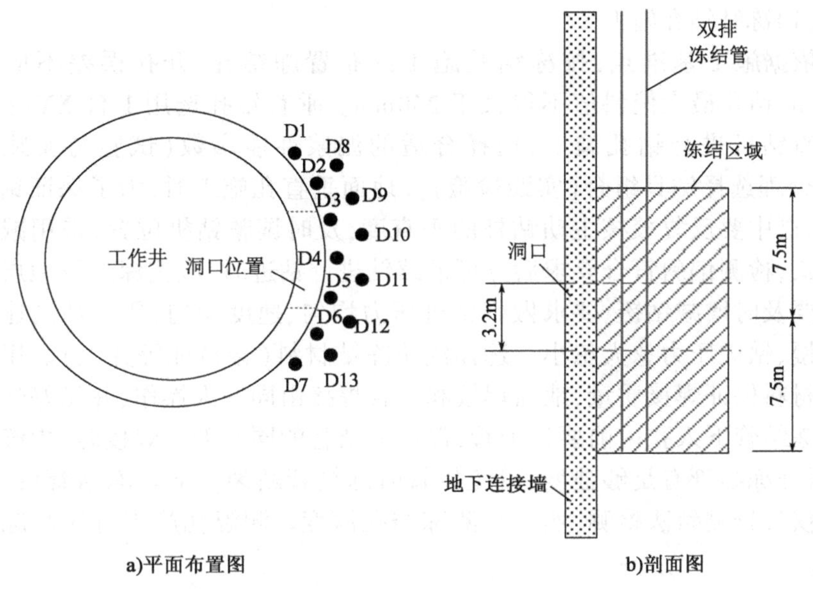

a)平面布置图　　b)剖面图

图 4-18　冻结管平面布置和剖面示意图

设计要点及注意问题:

(1)顶管机出洞口冻土墙与地下连续墙间的密封问题。由于地下连续墙混凝土的导热性好,冻土墙与地下连续墙之间不易冻结,所以冻结管要尽量靠近地下连续墙。

(2)洞圈顶进区域拔管问题。考虑到顶管机无法有效破除钢管制品,因此施工中需要在顶管机通过前,对该区域冻结管进行拔除处理。

(3)冻结引起的地表隆起和融沉处理。根据市政工程要求,冻土墙内的地表冻胀隆起一般不大于 20mm,地层融沉可采用从地面注浆和工作井注浆相结合的方式来处理。

2)施工工艺及参数确定

通过上述冻结过程和顶进过程的参数分析,基于冻结体平均扩展速率对冻结管间距、冻结管温度、地下水渗流、冻结体范围和形状、顶管埋深、顶管直径进行规律分析。根据研究结果,综合考虑现场施工需求、经济效益及冻结效率,选取最佳匹配方案完成土体冻结过程确定本工程最佳施工参数。施工工艺及参数为:采用竖向冻结管布置方式,冻结管有效冻结段长度布置为 10m、温度为230K（-43℃）、间距为2m，共计5根冻结管。冻结10天后形成7m×10m范围的竖向长方形冻结体。

3）人工冻结法施工工艺

（1）冻结钻孔施工

依据施工基准点，按冻结孔施工图布置冻结孔，开孔误差不应大于100mm，钻孔最大偏斜值不得大于250mm。垂直钻孔选用1台XY-2型强力垂直钻机进行钻孔施工，选择合适的泥浆性能参数（试验与实践相结合），合理选择钻具组合（实践检验）。地面垂直孔施工时，为了保证钻孔质量，钻进中要反复校核主动钻杆的垂直度，及时调整钻机位置，采用减压钻进方式，检测偏斜符合要求后方可继续钻进。钻进时，应按深度及地层情况的需要及时增减钻铤，要求做到钻进压力均匀、速度均匀，严禁钻进速度忽快忽慢、钻进压力忽大忽小。选择优质冻结材料（合格证等齐全）。用优质焊接材料保证焊接质量，地面焊接和下管焊接由同一人操作，并做好焊接记录。冻结管下入孔内前要先配管，保证冻结管的同心度。焊接时，焊缝要饱满，保证冻结管有足够强度，以免拔管时冻结管断裂。下好冻结管后，采用经纬仪灯光测斜法检测，然后复测冻结孔深度。测温孔施工方法与冻结管相同。

（2）冻结制冷施工

液氮供用槽车设置在附近地面处，利用ϕ40mm×4mm不锈钢管将液氮接至冻结工作面进行冻结，供液管选用ϕ32mm×3mm不锈钢管，供液管在冻结范围内间隔0.5m钻孔2个ϕ10mm出液孔，供液管底部封堵，以控制冻结的均匀性。每组连接冻结孔数量1个，南侧、北侧各安装1个分配器，共设置10个分配阀。液氮出气管高度要在距离地面1.5m以上位置。

系统安装完毕后进行调试和试运行。在试运行时，合理分配流量，随时调节压力、温度等各状态参数，使系统在有关工艺规程和设计要求的技术参数条件下运行。在冻结过程中，每天检测测温孔温度、液氮温度、液氮流量和冻结壁扩展情况，通过阀门调节各组支路的液氮流量，控制各组支路的温差，保证冻结壁均匀发展。根据测温数据，及时分析冻结壁的扩展速度和厚度，预计冻结壁达到设计厚度时间。

（3）冻结施工准备

①水通：将水管接送至施工场地，出水量为15m^3/h。

②电通：一级配电箱沿墙边或地面埋设挂设至地面冷冻站位置，接1路150V低压电缆到冻结站配电箱，从冻结站接1路50V低压电缆到洞口钻孔施工工作面。

③路通:地面道路能允许 25t 起重机进出施工场地并进行作业。

④一平:场地已经完成整平及硬化,进场后可直接进行施工。

⑤冻结钻孔施工:场地用途为钻机施工场地、冻结管加工及堆放材料,位置为冻结加固处,根据顶管的始发时间确定钻孔时间。

⑥冻结站房:场地用途为放置冻结设备及管路、值班室等,位置为地面上靠近洞口区域或负一层中板平台。

⑦设备吊运:设备运输至施工现场地面后,钻孔设备、冷冻设备、材料等采用 25t 起重机从运输车辆上卸至地面规定位置。

⑧搭设升降平台:在工作井内搭设钻孔升降平台。采用型钢为立柱,保持每根立柱稳定且垂直。并将工字钢延伸并与后方结构固定可靠支点,植筋符合相关规范要求。将钻机于底部工字钢平台牢固焊接,提供可靠的支座反力,防止钻进过程中地层水土压力过大导致钻机失稳。升降平台靠近墙体侧要与工作井结构紧密连接,设上下 2 层水平连接杆。连接杆两端分别与升降平台及墙体连接固定,连接点采用插销式连接方式。连接前需提前在平台工字钢预制配套插销口,插销口与工字钢满焊连接。与墙体连接部位锚固件通过预埋的方式预埋至内衬墙或平端头内,与结构主筋焊接固定,无预埋条件的采用膨胀螺栓固定,与墙体锚固采用不少于 4 根 M20 × 120mm 内膨胀螺栓连接焊接。距离工作井结构较远侧设置抛撑,抛撑采用 I 16 工字钢制作,与地面夹角 60°。抛撑与平台采用焊接的连接方式,抛撑支撑点四周打设 4 根 M20 × 120mm 内膨胀螺栓并与之焊接固定。每个连接点要紧固牢靠,用于加强平台的稳定性。

打钻施工平台是由 I18 工字钢和 3t 手拉葫芦制成的可升降平台。即在端头井内搭设 2 樘门框(每樘尺寸长 9m、宽 4m),门框采用 I18 工字钢,工字钢连接部位采用单边满焊,焊缝宽度不小于 5mm,立柱工字钢上下每个连接点采用 8 根 M20 × 120mm 内膨胀螺栓焊接和架子管焊接的复合方式加固固定。水平平台由两根 9m 长 I18 工字钢和两根 4m 长 I18 工字钢焊接完成,长度方向每 1.5m 内架设一道 I10 工字钢作为横向支撑,门框内部做格栅并满铺木板,临边用脚手架管设 1.2m 高防护栏,并加挂安全网。升降平台通过专用钢夹板与立柱连接,顶部框架下方焊接 8 块 300mm × 200mm × 20mm 钢板钩,每个钢板钩吊挂 3t 手拉葫芦一个,挂在立柱顶部,用于升降平台的升降。升降平台顶部中间架 I20 工字钢横梁,安装钢板钩一个,其下方吊挂 1t 手拉葫芦一个,用于吊装平台上的材料和设备。搭设完成后需在平台中间框架处加设 H300 型钢的斜撑,用于加固升降平台。施工平台上主要堆放施工用的设备及少量冻结管和内箍等材料工具。

(4)钻孔施工

①冻结管、测温管规格。

端头井水平冻结管选用的 ϕ89mm × 10mm 低碳无缝钢管,单根管材长度以 3 ~ 5m 为宜,采用内接箍连接,管箍长度为 100mm。测温管选用 ϕ89mm × 10mm 低碳无缝钢管。需拔出的中、内圈孔在保证退钻安全的前提下,尽量减少焊口接管,根据施工实际情况准备整根冻结管。

②冻结孔质量要求。

施工前应根据端头井结构施工图及实际施工情况准确定位。冻结孔开孔位置误差不得大于冻结孔允许最大偏斜值,并不宜大于 100mm。冻结孔开孔误差不得大于 50mm,并宜避开结构主梁(柱)及结构主筋。

水平钻孔最大偏斜不得大于 1%,应严格控制冻结孔偏斜方向,所有钻孔均应进行终孔测斜,并绘制钻孔偏斜图和各钻孔位置成孔图,报设计单位综合分析后决定是否进行补孔。

冻结孔有效深度不小于冻结孔设计深度,不大于设计冻结深度 0.5m。冻结管端头不能循环盐水的管头长度不得大于 150mm。

冻结管采用 20 号优质低碳钢,其材料性能应符合《结构用无缝钢管》(GB/T 8162—2018)规定,钢管质量应符合《无缝钢管尺寸、外形、重量及允许偏差》(GB/T 17395—2008)规定,并有合格的质量检验证书。管路连接均采用加内衬管对焊连接,内衬管材质与管路材质相同,焊条采用 E43 系列,其质量应符合有关规定。

冻结管下入地层后必须进行试压,试验压力应为冻结工作面盐水压力的 1.5 ~ 2.0 倍,且不小于 0.8MPa(地层水压约 0.54MPa),再延续 15min 压力不变为合格。

4)环境影响评价

结合顶管周围土体冻结过程的参数研究,对实际工程应用中的环境影响进行评价。冻结施工过程中,土体冻胀效应导致顶管上方土体发生较大隆起变形、冻结管周围土体发生向外侧方向的侧移变形,且浅层土体的侧移变形大于深层土体的侧移变形;顶管顶进施工过程中,顶管上方土体仍存在隆起变形,顶管附近土体由于卸荷作用向内移动;融沉施工过程中,顶管位置周围土体均有沉降趋势,且存在不同程度地向顶管侧移动的趋势。

通过对顶管顶进过程的参数研究,得到不同冻结体范围、顶管直径和顶管埋深等参数。通过对冻结扩展速率、冻结范围土体变形进行研究,并提出在环境和经济允许的条件下的最优冻结方案。

4.4 黄水东调应急工程(潍坊段)

4.4.1 工程概况

黄水东调应急工程(潍坊段)顶管穿越小清河工程(图4-19),顶管总长度1800m,其中北岸工作井—接收井段顶管长度600m(双管),南岸工作井—接收井段顶管长度300m(双管),套管直径为3200mm,最大埋深16.61m,主河槽内埋深8.41m,套管内输水管道材料为$\phi2644\times22$mm螺旋钢管,双管输水,双管中心距为8.0m。

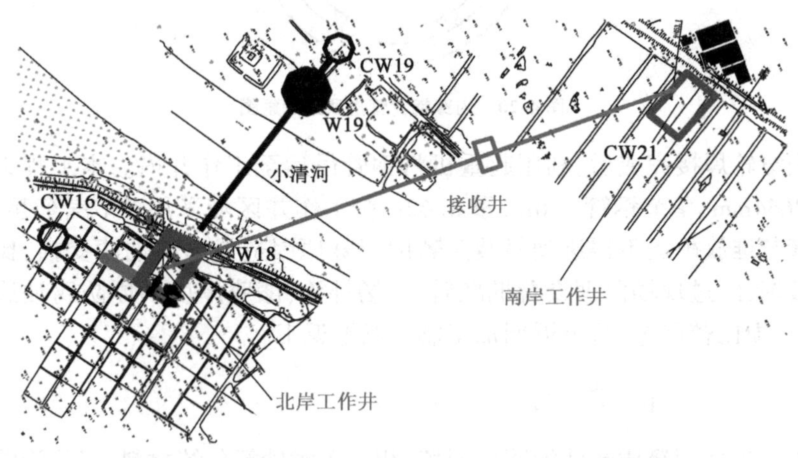

图4-19 黄水东调应急工程(潍坊段)工程总体位置示意图

4.4.2 内穿钢管顶进技术

由于本工程地下水对钢管管道腐蚀性较强,因而设计上采用混凝土管内穿钢管的套管方案进行施工。

具体钢管的安装工序为:混凝土管道顶进完成并注浆加固→钢管托架制作与安装→滚轮安装→钢管吊装到位→钢管焊接→钢管接口防腐→检查验收→钢管顶进→重复前环节→套管首末端封堵→套管与输水管道之间填充。

工程技术人员比选分析了多项钢管顶进施工方案,例如,在混凝土管道底部架设轨道,让钢管在轨道上推进;或者在混凝土管道上固定滚轮,让钢管在滚轮上推进等方案。上述方案的缺陷在于会极大损伤钢管管道外部的防腐层,造成防腐层脱离,减少管道的使用寿命。通过反复对比论证,工程技术人员决定采用在钢管管道上安装钢制滚轮的施工方案。具体的安装方案如图4-20所示。在钢管管道周围每隔60°安装钢制滚轮,滚轮焊接在钢管外部,由于混凝土管道内径存在制作误差等原因,钢制滚轮的径向尺寸比混凝土管和钢管的空隙小10mm,以便在钢管管道顶进时预留足够的空间来进行调整。

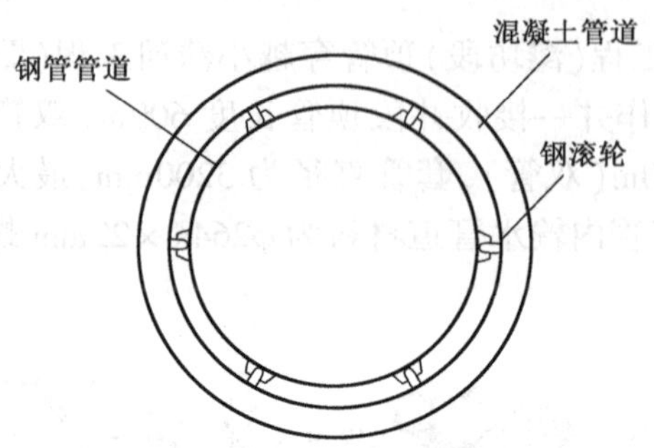

图4-20 内穿钢管管道顶进示意图

当滚轮焊接完成后,利用起重机将钢管吊运至工作井内。本工程钢管外直径2644mm,单节钢管长6m,重8.62t,在工作井区域采用50t汽车起重机。现场管节堆放吊运不得滚动吊装。若因特殊原因造成防腐油漆受损,比较轻微的破损,经过现场监理查看批准后,现场补漆,漆膜厚度同原防腐油漆设计要求,破损比较严重,管节返回加工制作场地返工。

4.4.3 泡沫混凝土回填技术

本工程采用轻质泡沫混凝土回填,相比于黄砂等传统材料,轻质泡沫混凝土流动性更好,利于管道间缝隙的填充,同时泡沫混凝土凝结后,强度和密实度比传统材料更强。

泡沫混凝土具体的施工方案为:

(1)沿着钢管外壁正上方安装泡沫混凝土输送导管,导管从两段开始沿着缝隙相对推进,两个导管在管道中心位置汇合。

(2)两端同时向导管内注射轻质泡沫混凝土,混凝土通过导管流动到管道中间位置。

(3)当管道中间区域充填密实后,两端导管分别向后回缩,则泡沫混凝土从管道中间开始向两端开始填充,直至管道填充完成。

根据现场实际情况,利用泡沫混凝土填充可以实现600m管道间缝隙的填充,填充效果良好,泡沫混凝土凝结后,对内部钢管间接起到了一定的保护作用,为管道后续的运营阶段提供的一定的保障。

4.4.4　卤水地层中顶管减阻泥浆应用

本工程输水管道沿线地下水类型为 Cl-Mg 型、Cl · SO_4-Mg 型，水样矿化度范围值 15.42 ~ 21.69g/L，属盐水—卤水类型。传统触变泥浆受盐侵后会产生“浆水”分离现象，泥浆黏度及切力降低，无法起到润滑减阻的作用，最终导致顶管顶进力失控。顶管所在地层一般是粉砂层，传统触变泥浆受到盐侵后，黏度降低，滤失量增加，不但降低了润滑性，而且还会对地下水造成污染。

目前我国对抗盐泥浆的研究主要集中于油气工程及地质勘探等钻井工程领域。虽然钻井工程的泥浆与顶管的泥浆存在一定的相似性，钻井工程的泥浆主要功效为悬排钻渣及冷却钻具，而顶管工程的环空泥浆则主要为润滑减阻作用，但两者的主要功能却存在一定的差异性。

本工程参考了国内相关的研究成果，通过现场监测和室内试验，对卤水地层中顶管施工的泥浆成分、物理力学参数进行了分析研究。通过分析卤水地层中主要离子成分浓度对泥浆影响的作用机理，建立泥浆润滑效果测试和评价体系，优化适用于卤水地层的泥浆的配合比，并优化相应顶管施工方案和施工工艺。

经过多次试验，优化了顶管减阻泥浆的成分，采用膨润土、纯碱、烧碱、PAC-141 以及石墨粉的配合比，有效解决了卤水地层中膨润土泥浆分层离析的问题，提供了一种能够抗高浓度复合盐水侵入的泥浆配方，改善了高含盐地层顶管泥浆技术储备不足的情况。试验表明该配方适用于大部分含盐地层，造价成本低，性能稳定，方便配置、润滑性能优良，在含盐地层顶管施工中有广阔的应用前景。

4.5　南通市西北片引江区域供水三期（输水）工程

4.5.1　工程概况

南通市西北片引江区域供水三期（输水）工程管线起点为如皋市长青沙鹏鹞水厂，终点为海安市李堡泵站，中间设增压泵站，采用 DN1000 ~ DN1600 球墨铸铁管及钢管。管道在郊区基本采用开槽埋管施工方式，当离周边道路和房屋较近时采用支护埋管施工方式；管道穿越大型河道，采用顶管方式；管道穿越小型河道则采用架空管桥的施工方式；管道穿越公路，采用顶管施工方式，穿越高等级公路增设套管。工程走向如图 4-21 所示。

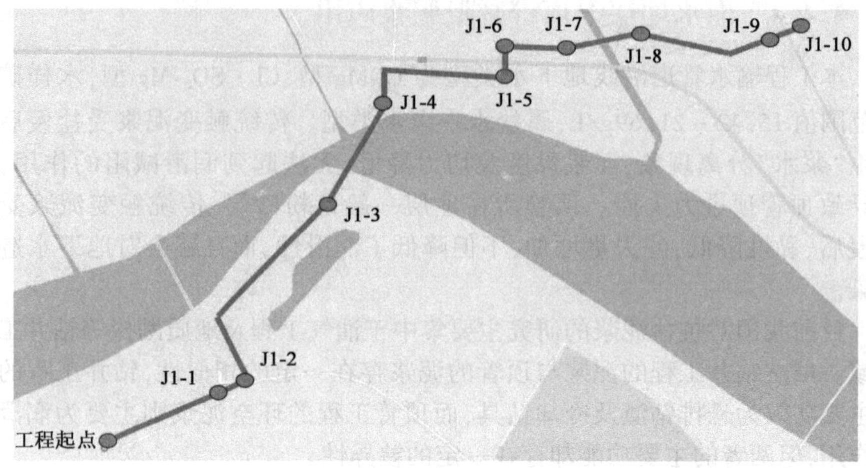

图 4-21　南通市西北片引江区域供水三期(输水)工程一标走向示意图

本工程为南通市西北片引江区域供水三期(输水)工程一标段,线路从如皋市长青沙鹏鹞水厂起,至 G204 南延段止,线路总长约 5669m,包含 10 座顶管井、开槽埋管、5 段顶管(过疏港公路、过长江、过沿江公路、过周圩港、过 G204 南延段)以及 2 段小型河道管桥,一次顶进最长段约为 1400m。

开槽埋管段全长约 3585m,包含球墨铸铁管、钢管以及 2 段小型河道管桥。

根据总体工期,拟投入两台顶管机(DN1800、DN1600),一号顶管机 DN1800 施工 J1-1—J1-2(过疏港公路)段、J1-5—J1-6(过沿江公路)段、J1-9—J1-10(过 G204 南延)段,二号顶管机 DN1600 施工 J1-3—J1-4(过长江)段、J1-7—J1-8(过周圩河)段。根据已有设计图纸及地质勘探报告,结合本标段顶管穿越土层性质及沿线穿越长江,过路段顶管拟选用面板式泥水平衡顶管掘进机,过河段顶管选用具有清障功能的挤压式二次破碎泥水平衡顶管机。

4.5.2　井内及管道通风以及"三色灯气体监测系统"

由于井位深度较深,地层中可能存在腐烂物质形成的沼气等可燃性气体,在施工中,这些气体可能会从顶管机机头出土处及中继间等管节的缝隙处渗入管道内,危及施工人员的安全。为此,每次下井时,都由施工人员携带便携式可燃性气体监测仪器进行测试,确保安全后才能进行施工。否则必须进行强制通风,待气体浓度恢复正常后,再进行顶进施工。

为了改善管道内的工作环境,针对本工程的具体特点,结合长距离隧道施工中积累的经验优势,拟采用特殊设计的通风系统,采取由外向机头送风的方式。施工时采用压缩风机对管道进行强制通风,管道内采用 ϕ100mm 聚氯乙烯(PVC)通风管,由于管道较长,还需在管道内增加 2 台风机接力送风。

应用三色灯气体监测系统(图 4-22)对井下及管道内有毒有害气体实时监测,并与地面闸机联动,地面上数据提醒,能提高工作效率和确保安全。管道内附近安装气体检测装置,实时检测 CO、O_2、H_2S 以及混合气体。并将四种气体浓度数值化反应到下井处电子显示器。下井通道处设置应急通道并安设电磁开关,与有毒有害气体全天候动态监控预警系统联动,当井下出现异常情况时,应急通道由常闭状态开启,保障工人迅速有序地逃生。

a)

b)

图 4-22　三色灯气体监测系统

4.5.3　长距离小直径顶管管内水平运输措施

考虑此项工程顶管直径小、通过性差、过长江段顶距长、管内水平运输及人员进出难度大,故在此工程上选用无级变速水平运输电动车作为运输工具(参见图 4-17),有效降低了人员的劳动强度,提高施工效率。

第5章 总结与展望

本书介绍了编著者通过近十余年工程实践,总结积累的钢顶管设计和施工新技术。目前,钢顶管技术还在快速发展,更多的新技术和新方法也在不断涌现,但距离顶管技术全面实现自动化、数字化还有一定的距离,仍有许多问题尚待进一步的分析和研究。

针对钢顶管技术未来的发展,将继续聚焦于以下几个方面:

(1)考虑反映实际地质条件的非线弹性地基

目前研究弹性地基的作用时,通常作为弹性均质地基考虑,忽略了不同埋深、不同地层中弹性地基各参数的差异。但在实际工程中,受到不均匀地基因素的影响,钢顶管的荷载作用形式与均质地基工况差异较大。所以必须考虑弹性地基的非均质性对钢顶管管土相互作用的影响,得到的结果将更接近实际情况。

(2)不同形式初始缺陷下钢顶管轴压屈曲研究

考虑钢顶管在制造和运输过程中产生的初始缺陷对钢顶管轴压屈曲的影响,在圆柱壳的轴压屈曲分析中,初始缺陷是影响轴压屈曲荷载和模态的重要因素,而实际工程中钢顶管并不是一个理想圆柱壳,因此,分析钢顶管的轴压屈曲问题时初始缺陷不能忽略。由于初始缺陷可能在钢顶管的制造运输等不同阶段产生,分析受轴压的钢顶管在不同形式初始缺陷下的屈曲将是今后钢顶管轴压屈曲分析的重要内容。

(3)考虑实际曲率变化对曲线钢顶管的影响

在实际工程中,曲线钢顶管的轴线并不是呈同一理想曲率半径,实际曲线更为复杂,将直接影响到曲线钢顶管的结构受力及顶力的传导。对于不同接头形式的复合曲线钢顶管,需要进一步研究和探索曲线钢顶管在组合荷载作用下的受力情况。

(4)新型钢顶管接头形式研究

钢顶管施工管节接头形式主要有焊接和承插两种,直线顶进时常采用焊接接头形式,小曲率半径顶进常采用承插接头。随着城市建设的发展和顶管技术的提高,顶管管节直径也越来越大,一次顶进的距离也越来越长,管节拼接作为影响顶管施工的效率的一项重要环节,其接头形式应进一步优化实现拼接速度快且满足精度、防渗、曲线顶进要求,提升整体施工效率,也是未来制约钢顶管施工水平提升的关键因素。

(5)钢顶管岩石地层中顶进研究

当前关于钢顶管的研究主要为土中顶管顶进,岩石地层中的钢顶管施工案例也越来越多。今后随着顶管施工技术的不断发展,岩石地层中钢顶管顶进施工也需进行深入研究,内容包括岩层中钢顶管受力变化、摩阻力系数、结构设计及注浆减摩技术,都可作为未来的一个研究方向。

(6)钢顶管智能化施工

目前,顶管施工工艺主要以人工操作为主,部分控制系统实现了信息化施工,但系统间相互独立自动化水平不足。提升钢顶管工艺的自动化、数字化施工水平,如地下结构的三维扫描预拼装技术,管节机械智能焊接、检测、扫描,管外自动注浆及浆液的地层渗透、扩散监测技术等。这些技术可作为未来钢顶管施工的发展方向和研究内容。

参考文献

[1] 余彬泉,陈传灿.顶管施工技术[M].北京:人民交通出版社,1998.

[2] 韩选江.大型地下顶管施工技术原理及应用[M].北京:建筑工业出版社,2008.

[3] 朱骏,金中林,夏凉风.海泰国际大厦地下车行通道大直径钢顶管工程进出洞施工技术[J].建筑施工,2009,31(03):213-216.

[4] KHAZAEI S,WU W,SHIMADA H,MATSUI K. Effect of lubrication strength on efficiency of slurry pipe jacking[C]//ASCE Proceedings of the GeoShanghai Conference. Underground Construction and Ground Movement,2006:170-177.

[5] KHAZAEI S,SHIMADA H,KAWAI T,et al. Monitoring of over cutting area and lubrication distribution in a large slurry pipe jacking operation[J]. Geotechnical and Geological Engineering,2006,(24):735-755.

[6] SHIMADA H,KHAZAEI S,MATSUI K. Small diameter tunnel excavation method using slurry pipe-jacking[J]. Geotechnical and Geological Engineering,2004(22):161-186.

[7] 安关峰,殷坤龙,唐辉明.顶管顶力计算公式辨析[J].岩土力学,2002,23(3):358-363.

[8] 汤华深,刘叔灼,莫海鸿.顶管侧摩阻力理论公式的探讨[J].岩土力学,2004,25(11):574-576.

[9] 冯凌溪,郭奎英.顶管顶力计算公式的适用范围探讨[J].中国给水排水,2008 (24):102-106.

[10] 魏纲,徐日庆,邵剑明,等.顶管施工中注浆减摩作用机理的研究[J].岩土力学,2004,25(06):930-934.

[11] 黄吉龙.大直径玻璃钢夹砂顶管室内试验与数值分析[D].上海:上海交通大学,2007.

[12] 冯锐,张鹏,苏树尧,等.大口径长距离钢顶管注浆减阻技术:以黄浦江上游水源地连通管工程为例[J].地质科技通报,2020,39(04):174-180.

[13] 刘猛,杨春利,亓路宽.非开挖施工钢制管直顶顶力数值分析[J].地下

空间与工程学报,2019,15(S1):211-218.

[14] 徐玉夏.超长距离曲线钢顶管施工技术[J].山西建筑,2020,46(10):98-99.

[15] 薛宏伟.大直径钢顶管施工顶力与摩擦力探析[J].福建建筑,2022,(04):128-133.

[16] FORRESTAL M J,HERRMANN G. Buckling of a long cylindrical shell surrounded by an elastic medium[J]. International Journal of Solids and Structures,1965,1(03):297-309.

[17] MORRE I D. Analytical theory for buried tube postbuckling[J]. Journal of Engineering Mechanics,1985,111(07):936-951.

[18] MUC A. On the contact of cylindrical shells with an elastic or rigid foundation[C]//In Contact Loading and Local Effects in Thin-Walled Plated and Shell Structures. 1992:34-41.

[19] MOORE I D,HAGGAG A,SELIG E T. Buckling strength of flexible cylinders with nonuniform elastic support[J]. International Journal of Solids and Structures,1994,31(22):3041-3058.

[20] KANG J,PARKER F,YOO C H. Soil-structure interaction for deeply buried corrugated steel pipes Part Ⅰ: Embankment installation [J]. Engineering Structures,2008,30(02):384-392.

[21] GANTES C J,GEROGIANNI D S. The Brazier Effect for Buried Steel Pipelines of Finite Length[M]. Amsterdam:Elsevier Science Bv,1999:557-564.

[22] VILLARRAGA J A,RODRIGUEZ J F,MARTINEZ C. Buried pipe modeling with initial imperfections[J]. Journal of Pressure Vessel Technology-Transactions of the ASME,2004,126(02):250-257.

[23] NOBAHAR A,KENNY S,KING T,et al. Analysis and design of buried pipelines for ice gouging hazard:a probabilistic approach[J]. Journal of Offshore Mechanics and Arctic Engineering,2007,129(03):219-228.

[24] JOSHI S,PRASHANT A,DEB A,et al. Analysis of buried pipelines subjected to reverse fault motion[J]. Soil Dynamics and Earthquake Engineering,2011,31(07):930-940.

[25] ZHAO L,YANG J Z,ZHAO J X. Simulating responses of buried steel pipe

crossing reverse fault[C]//Advances in Civil Engineering,2011:825-828.

[26] LAGRANGE R,AVERBUCH D. Solution methods for the growth of a repeating imperfection in the line of a strut on a nonlinear foundation[J]. International Journal of Mechanical Sciences,2012,63(01):48-58.

[27] FENG Z H,COOK R D. Beam elements on two-parameter elastic foundations [J]. Journal of Engineering Mechanics,1983,109(06):1390-1402.

[28] PALIWAL D,BHALLA V. Large deflection analysis of cylindrical shells on a Pasternak foundation[J]. International Journal of Pressure Vessels and Piping,1993,53(02):261-271.

[29] BAGHERIZADEH E,KIANI Y,ESLAMI M. Mechanical buckling of functionally graded material cylindrical shells surrounded by Pasternak elastic foundation[J]. Composite Structures,2011,93(11):3063-3071.

[30] SHEN H S. Thermal postbuckling of shear deformable FGM cylindrical shells surrounded by an elastic medium[J]. Journal of Engineering Mechanics, 2013,139(08):979-991.

[31] CHEUNG Y. Finite strip method in structural analysis[R]. 1976.

[32] CHEUNG Y,ZHU D. Postbuckling analysis of circular cylindrical shells under external pressure[J]. Thin-Walled Structures,1989,7(03):239-256.

[33] CHEN W,REN W M,ZHANG W. Buckling analysis of ring-stiffened cylindrical shells with cutouts by mixed method of finite strip and finite element [J]. Computers & Structures,1994,53(04):811-816.

[34] 陈文,任文敏,张维. 环加肋圆柱壳屈曲分析的有限条法[J]. 工程力学,1994,11(03):12-17.

[35] ZHU D,CHEUNG Y. Postbuckling analysis of circular cylindrical shell under combined loads[J]. Computers & Structures,1996,58(01):21-26.

[36] OVESY H,FAZILATI J. Stability analysis of composite laminated plate and cylindrical shell structures using semi-analytical finite strip method[J]. Composite Structures,2009,89(03):467-474.

[37] BRANSBY M F,NEWSON T A,BRUNNING P. Centrifuge modelling of the upheaval capacity of pipelines in liquefied clay[C]//Proceedings of the Twelfth,2002:100-107.

[38] PALMER A C, WHITE D J, BAUMGARD A J, et al. Uplift resistance of buried submarine pipelines: comparison between centrifuge modelling and full-scale tests[J]. Géotechnique, 2003, 53(10): 877-883.

[39] EI-GHARBAWY S. Uplift capacity of buried offshore pipelines[C]//In Proceedings of the Sixteenth International Society Offshore& Polar Engineers, 2006: 86-92.

[40] GHAHREMANI M, BRENNAN A J. Consolidation of Lumpy Clay Backfill over Buried Pipelines[M]. New York: American Society of Mechanical Engineers, 2009: 313-320.

[41] JIANG M J, ZHANG W C, LIU F, et al. Investigating particle-size effect on uplift mechanism of pipes buried in sand using distinct element method[C]//In Natural Resources and Sustainable Development, 2012: 505-509.

[42] BYRNE B W, SCHUPP J, MARTIN C M, et al. Uplift of shallowly buried pipe sections in saturated very loose sand[J]. Géotechnique, 2013, 63(05): 382-390.

[43] MURRAY D W. Local buckling, strain localization, wrinkling and postbuckling response of line pipe[J]. Engineering Structures, 1997, 19(05): 360-371.

[44] GRESNIGT A M, STEENBERGEN H. Plastic deformation and local buckling of pipelines loaded by bending and torsion[C]//Proceedings of the Eighth International Offshore and Polar Engineering, 1998, 2: 143-152.

[45] SCHAUMANN P, KEINDORF C, BRUGGEMANN H, et al. Elasto-Plastic Behavior and Buckling Analysis of Steel Pipelines Exposed to Internal Pressure and Additional Loads[M]. New York: American Society of Mechanical Engineers, 2005: 521-529.

[46] MOHAREB M, KULAK G L, EIWI A, et al. Testing and analysis of steel pipe segments[J]. Journal of Transportation Engineering, ASCE, 2001, 127(05): 408-417.

[47] AHMED A U, DAS S, CHENG J J R. Numerical investigation of tearing fracture of wrinkled pipe[J]. Journal of Offshore Mechanics and Arctic Engineering, Transactions of the ASME, 2010, 132(01): 011302.

[48] SCHNEIDER S P. Flexural capacity of pressurized steel pipe[J]. Journal of Structural Engineering, ASCE, 1998, 124(03): 330-340.

[49] ANDREUZZI F, PERRONE A. Analytical solution for upheaval buckling in buried pipeline[J]. Computer Methods in Applied Mechanics and Engineering, 2001, 190(39): 5081-5087.

[50] TSURU E, YOSHIDA K, SHIRAKAMI S, et al. Numerical simulation of buckling resistance for UOE line pipes with orthogonal anisotropic hardening behavior[C]//In Proceedings of the Eighteenth International Society Offshore & Polar Engineers, 2008: 104-110.

[51] BRANSBY M F, IRELAND J. Rate effects during pipeline upheaval buckling in sand[C]//In Proceedings of the Institution of Civil Engineers-Geotechnical Engineering, 2009: 247-256.

[52] LIU R, WANG W G, YAN S W. Finite element analysis on thermal upheaval buckling of submarine burial pipelines with initial imperfection[J]. Journal of Central South University, 2013, 20(01): 236-245.

[53] LIU R, WANG W G, YAN S W, et al. Engineering measures for preventing upheaval buckling of buried submarine pipelines[J]. Applied Mathematics and Mechanics, English Edition, 2012, 33(06): 781-796.

[54] 卢红前. 软土地段大直径钢顶管弹塑性分析与应用[J]. 武汉大学学报:工学版, 2009(S1): 151-156.

[55] 赵志峰, 邵光辉. 顶管施工的三维数值模拟及钢管壁厚的优化[J]. 地下空间与工程学报, 2013(01): 161-165.

[56] 李兆超. 地下管道屈曲稳定研究[D]. 杭州:浙江大学, 2012.

[57] 杨仙, 张可能, 黎永索, 等. 深埋顶管顶力理论计算与实测分析[J]. 岩土力学, 2013, 34(03): 757-761.

[58] 陈楠, 陈锦剑, 夏小和, 等. 长钢顶管稳定特性的有限元分析[J]. 上海交通大学学报, 2012, 46(05): 832-836.

[59] ZHEN L, CHEN J J, WANG J H, et al. Deflection behavior of the steel pipe-jacking in soft soil seabed[C]//Geotechnical Aspects of Underground Construction in Soft Ground, 2014, 105-110.

[60] ZHEN L, CHEN J J, QIAO P, et al. Analysis and remedial treatment of a

steel pipe-jacking accident in complex underground environment[J]. Engineering Structures,2014,59:210-219.

[61] ZHEN L, CHEN J J, WANG J H, et al. Elastic buckling analysis of steel jacking pipe embedded in the winkler foundation[C]//In 2014 GeoShanghai International Congress: Tunneling and Underground Construction, 2014: 481-490.

[62] SHEN H S. Postbuckling of axially-loaded laminated cylindrical shells surrounded by an elastic medium[J]. Mechanics of Advanced Materials and Structures,2013,20(02):130-150.

[63] 谈维汉. 顶进法施工过程中管材破损的原因分析[J]. 建筑装饰材料世界,2009,(03):46-49.

[64] ZHOU J Q. Numerical Analysis and Laboratory Test of Concrete Jacking Pipes[D]. Oxford: University of Oxford, 1998.

[65] MILLIGAN G, NORRIS P. Pipe-soil interaction during pipe jacking[J]. Geotechnical Engineering,1999,137(01):27-44.

[66] NUNES M A. An Investigation of Soil-tunnel Interaction in Multi-Layer Ground[D]. Montreal: McGill University, 2008.

[67] SHOU K, YEN J, LIU M. On the frictional property of lubricants and its impact on jacking force and soil-pipe interaction of pipe-jacking[J]. Tunnelling and Underground Space Technology,2010,25(04):469-477.

[68] SUGIMOTO M, ASANPRAKIT A. Stack pipe model for pipe jacking method [J]. Journal of Construction Engineering and Management,2010,136(06): 683-692.

[69] RAHJOO S. An Investigation of Pipe Jacking Loads in Trenchless Technology[D]. Arlington: The University of Texas at Arlington, 2012.

[70] 方从启,孙钧. 浅层顶管施工引起的土体移动[J]. 岩土力学,2000,21(01):5-9.

[71] 施成华,黄林冲. 顶管施工隧道扰动区土体变形计算[J]. 中南大学学报(自然科学版),2005,36(02):323-328.

[72] 李方楠,沈水龙,罗春泳. 考虑注浆压力的顶管施工引起土体变形计算方法[J]. 岩土力学,2012,33(01):204-208.

[73] 安关峰,殷坤龙,唐辉明. 顶管顶力计算公式辨析[J]. 岩土力学,2002,23(03):358-361.

[74] 王双,夏才初,葛金科. 考虑泥浆套不同形态的顶管管壁摩阻力计算公式[J]. 岩土力学,2014,35(01):159-166.

[75] 叶艺超,彭立敏,杨伟超,等. 考虑泥浆触变性的顶管顶力计算方法[J]. 岩土工程学报,2015,37(09):1653-1659.

[76] 余振翼,魏纲. 顶管施工对相邻平行地下管线位移影响因素分析[J]. 岩土力学,2004,25(03):441-445.

[77] 魏纲,徐日庆,余剑英,等. 顶管施工中管道受力性能的现场试验研究[J]. 岩土力学,2005,26(08):1273-1277.

[78] 魏纲,朱奎. 顶管施工对邻近地下管线的影响预测分析[J]. 岩土力学,2009,30(03):825-831.

[79] 卫珍. 中继间在超长距离大口径钢顶管施工中的应用[J]. 中国市政工程,2013,(03):61-63.

[80] 朱合华,吴江斌,潘同燕. 曲线顶管的三维力学模型理论分析与应用[J]. 岩土工程学报,2003,25(04):492-495.

[81] 朱合华,叶冠林,潘同燕. 大直径急曲线钢筋混凝土顶管管节接缝张开量分析[J]. 施工技术,2001,30(01):36-38.

[82] 朱启银,陈锦剑,王建华,等. 大直径混凝土顶管接头数值模拟分析[C]//第八届全国土木工程研究生学术论坛论文集,2010.

[83] 陈建中,李卓球. 管线偏转对GRP顶管接头影响的数值分析[J]. 武汉理工大学学报,2010,32(04):177-179.

[84] 丁传松. 直线及曲线顶管施工中的顶推力研究[D]. 南京:南京工业大学,2004.

[85] 葛金科,张悦. 急曲线顶管技术应用[J]. 岩土工程学报,2002,24(02):247-250.

[86] 魏纲,徐日庆,黄斌. 长距离顶管管道的失稳分析[J]. 岩石力学与工程学报,2005,24(08):1427-1432.

[87] 黄高飞. 大口径长距离急曲线顶管技术的应用[J]. 中国市政工程,2009,(04):41-43.

[88] 费征云. 大直径曲线顶管穿越既有地下构筑物的变形控制[J]. 城市道

桥与防洪,2012(07):298-300.

[89] 陈剑,石少刚,赵振华,等.顶管管路整体变形模式的原型试验研究[J].地下空间与工程学报,2015,11(03):579-584.

[90] 吴绍珍,李玉磊.曲线钢顶管关键技术初探[J].地下空间与工程学报,2011(S1):1450-1453.

[91] 陈楠.复杂环境中大直径钢顶管的受力特性研究[D].上海:上海交通大学,2012.

[92] 许龙.大直径钢管长距离曲线顶管原理与设计[J].市政技术,2011,29(02):65-67.

[93] 吴绍珍.曲线钢顶管理论探讨[J].市政技术,2010,28(01):91-94.

[94] 钟俊彬,汪洪涛,许龙,等.严桥支线工程曲线钢顶管设计[J].给水排水,2010,36(04):54-56.

[95] 申昊冲,王欣杰,李翀,等.超大断面类矩形钢顶管纵向接头优化及受弯性能分析[J].铁道建筑,2022,62(05):5.

[96] 吉茂杰,张一鸣,吴东鹏,等.矩形钢顶管F形承插口接头局部抗弯承载性能试验[J].建筑施工,2021,43(10):2189-2192.